スピッツ
バイブル

日本人の英知と工夫から誕生した国産犬種

岡田美和子

誠文堂新光社

『　ものがたり　』

第 62 回春の院展　入選

鈴木万知代　作品

２～４ページは、スピッツをモデルに
描かれた日本画です。

『 愛犬 』

日本スピッツ画

冨田　明美　作品

『 燦々 』

日本スピッツ画

冨田　明美　作品

はじめに

　この度「スピッツバイブル」発行を決意した時、改めて「日本スピッツ」に関する資料の少なさを実感しました。幸い、先輩・友人達から譲り受けた本・写真・伝承記録などの貴重な資料のおかげで、何とか日本スピッツ誕生から固定化への歩みや先人達の情熱と努力を、皆様にお伝えできたと思います。

　様々な問題を解決しながら、外産犬を都会的で洗練された「日本スピッツ」として改良・固定化した日本人の努力とセンスに自信と誇りを感じていますが、一方で今だに「日本スピッツは日本原産犬」と言う事実はあまり認知されていない現実もあります。
　この愛すべき「白い友　日本スピッツ」を正しく理解して頂く為にも、未来に残していく為にも、各犬種団体や愛好家の皆様が協力し合い尊重し合って前に進んで行きたいと強く願っています。

　今回、皆様の深いご理解とご協力によって完成した「スピッツバイブル」が、今後愛好家の皆様の「道しるべ」になり当犬種の資質向上と発展の為にご活用いただければ幸いです。

═══ もくじ ═══

※本書に登場する人のお名前は、敬称略となっています。

人懐っこくて長寿、室内飼育に最適です

　現在世界には非公認犬種を含めると約700〜800犬種が存在し、日本では約200種類が飼育されていると言われています。このように数多くの犬種の中から"スピッツ"に興味を持っていただけましたら"スピッツファンシャー"としてはうれしい限りです。

　元来スピッツは丈夫で長寿犬も多く、体臭・無駄吠えも少ない上、非常に頭の良い"会話ができる犬種"ですが、白毛・長毛が魅力ですから室内飼育と日頃の被毛手入れをおすすめします。

　家族の一員としてスピッツを迎えられた皆様がスピッツと共に幸せに暮らしていただけますよう心から願っております。

昭和の新犬種スピッツ

　「昭和の新犬種」日本スピッツは大正中期から昭和初期にかけて渡来した「ス
ピッツ族」と思われる十数頭の犬達が基礎。その後、短期間で日本独自に固定化
されて昭和20年代後半からの一大ブームを巻き起こし、アッと言う間に国内で
最も大衆的な家庭犬になりました。
　しかしその一方、スピッツの繁殖が利益追求の好手段として「質より量」に傾
き無計画な粗製乱造が繰り返されて無籍犬が急増。当時の犬界識者の「日本ス
ピッツとしての固定と確立をすべき」と言う提言に逆行することになり、スピッ
ツの一大ブームは上記2つの功罪を残す結果となってしまいました。

　現在その歩みは60年余りとなりましたが、渡来犬に関する確かな記録は残っ
ておらず、諸先輩からの伝承のみによって伝えられています。
　また一般的にスピッツはドイツ原産犬種を指し「尖ったもの」と言う意味（ドイ
ツ語のシュピッツ）が語源と考えられていますが、「日本スピッツ」と「ドイツ系
スピッツ」との直接的関係を裏付ける記録も伝承も残っていません。

スピッツ上陸

　1919年〜1920年（大正8、9年頃）中央畜犬協会が上野公園で開催した共進会場
に、奥田所有のホワイトスピッツを時田（鳥政）が出陳した記録が残っており、こ
の時は稀に見る珍種として称賛されたようです。
　1923年（大正12年）に発生した関東大震災の救援物資を積んで来たカナダの貨
物船に乗ってきたスピッツ（アメリカンエスキモーと思われ、牡犬のサイズは体
高40.2cm、体重11.25kg）を東京の愛好家が入手して繁殖もされ、このスピッツが
最初の渡来犬だと言われています。その後も外交官や商社マンが海外からの帰国
の際に連れ帰ったアメリカンエスキモー数頭の存在が伝えられていますが、これ
らのアメリカンエスキモーが後の日本スピッツに与えた影響も確認されていませ
ん。

もうひとつの系統ロシア系スピッツ

　1935年（昭和10年）頃、当時は軍事優先の世の中で軍用犬の輸送に従事する関
係者以外の民間人が外国から愛玩犬を輸入できない時代に、満州事変で大陸への
軍用犬輸送に従事していた軍属達がロシア系スピッツの子犬と成犬を密かに持ち
帰っています。
　このロシア系スピッツは1918年・大正7年頃からロシア人が多くいた北満の

ハルビンなどの大都市に移り住んでいた日本人の愛犬家達に屋内番犬として飼育されており、ロシア人はこの犬種を「ライカ犬」と呼び日本人は「スピッチ」と呼んでいました。

　これらのロシア系スピッツは相対的に小型が多く、体高30〜35cm位で目鼻の色素が濃く、豊毛・純白でドイツ系のアメリカンエスキモーよりはるかに洗練されたタイプでした。

===== スピッツの浸透は戦後から =====

　その後の戦争で軍の保護下にあった軍用犬以外の犬達は人々の家庭から締め出されます。再び町中で犬の姿が見られるようになったのは1945年（昭和20年）8月15日の終戦宣言からしばらく後の事。平和な生活の中に「忠実な警備犬として」さらに「文化的生活の象徴として」犬を求める人々が急増しました。空襲・疎開・食糧難の中でも熱心な愛好家によって比較的純血犬が守られ残っていた中京地方と東京周辺に残っていたスピッツとが中心的存在となって繁殖数を増やして行き、1954年（昭和29年）秋世界に先駆けてJKCに「日本スピッツ」として公認されました。

　上記の中京地方に残っていたスピッツは、1935年（昭和10年）頃の渡来犬と思われます。

　現在、日本スピッツは既存の一流犬種と比べても遜色ない域に達し「昭和時代に誕生した生きた文化遺産」と言われるまでになりました。しかし、この生命を持った文化遺産は、繁殖を繰り返さなければ維持・保存することができません。

　ときに、質を重視し過ぎると少数精鋭になり層が薄くなって種の崩壊を招く危うさをもっています。生きた文化遺産である日本スピッツのために今後もこれまで以上に質の向上と層を厚くすることの両方を同時に進めて行く努力が必要です。

　諸先輩からの大切な預かり物をより良くより多くして後輩達に伝え、さらには原産国としての誇りと責任を世界中の愛好家に発信して行く必要性を強く感じています。

始まりは渡来犬

年代	国名／犬名	詳細
1919 年 （大正 8 年頃）	アメリカ／ 犬名不明	木下豊次郎がアメリカから帰国した友人から牡牝各1頭を譲り受けた。牡が早逝したため繁殖には至らなかった。
上述の数年後	アメリカ北米、カナダからロシア産スピッツ	木下豊次郎が横浜の知人から牡1頭を入手し名古屋の知人に譲った。その後種牡として活躍して多くの優れた子孫を残した。
1928 〜 1929 年 （昭和 3 〜 4 年） ただし、この時期については大正13年頃震災救援物資を輸送してきた貨物船に乗ってきたとの一説もある。	カナダ ／ ダイヤ、キング 共に体重11kg 2頭の牝／ 犬名不明	東京の方が入手したこの4頭が我が国へ本格的に輸入された最初のスピッツと思われる。
上記と同時期	カナダ カナダCH／ ジュリアンオブアラスカ ンベルグ ジャニー（牝） メジョア（牝）	舘山寺（浜松）の方がカナダから連れ帰って飼育した。
1932 〜 1933 年 （昭和 7 〜 8 年頃）	大連 ※ハルビンという説もある	森貢次郎が大連へ展覧会の審査に行った帰途に3、4頭のスピッツを連れ帰り日本で繁殖した。子孫は主に中京地方で分譲された。
1932 〜 1933 年 （昭和 7 〜 8 年頃）	奉天／ スー シベリアン系のスピッツ 体重 8kg	渡辺吉三が入手した後、東京の与芝新右衛門に譲られた。主に浦和地方で多くの子孫を残した。

年代	国名／犬名	詳細
1935 年頃 （昭和 10 年頃）	オーストラリア／ シドニー ラリーマックスウェルシ ドニー 1935 年 7 月 16 日生 小型で体重は 『一貫六百目』	栗田義也が横浜の貿易商から入手 し全国畜犬共進会や報知新聞社・ 東京府畜犬商組合主催の大日本畜 犬総合大共進会などで最高名誉賞 を獲得し、昭和 12 〜 17 年頃迄の 間種牡としても活躍した。 この間に林杲、大阪の水野昇一へ と所有者が移り全国的に交配に使 われた。 ＜備考＞ 一貫六百目＝ 6 kg 一貫＝ 3,750g ＝ 3.75kg
1937 年頃 （昭和 12 年頃）	オーストラリア ／　シドニー マリー（牝） 1934 年 9 月 10 日生	所有者は木村松風荘。 神戸日南商会扱。
1937 年頃 （昭和 12 年頃）	ミミー（牝） ミラー（牝） ／　出生地不明 生年月日は不明	所有者は東京の栗田義也。
1941 年 （昭和 16 年頃）	レンス　／　東京 ドリーマックスウェル　／ 出生地不明 生年月日は不明 ラリーの直子と言われて いる。	所有者は東京の田村宗吉。

━━━━━ オーストラリアルートも登場 ━━━━━

　当時犬の輸入をしていたのは神戸市の日南商会と大阪のロシャン（前野信一）で、とくに日南商会は神戸元町でペットショップを経営していました。また横浜や神戸にはフランスのMMラインのような外国の貨客船が多数入港しており、これらの船員によって持ち込まれた外産犬種は相当数いたと考えられます。同様に大阪商船はオーストラリアからのシドニーやメルボルン方面への定期航路を持っていたのでおそらくこのルートからラリー号も持ち込まれたのではないかと思われます。

ラリー　マックスウエル　シドニー

　また、横浜で貿易商をしていた人（氏名不詳）から大森八景を通じて栗田義也が譲り受けた当時生後8ヶ月のラリーマックスウエルシドニー（以後、略称〝ラリー〟）については、その後の戦災により記録は残っていませんが、産地はオーストラリアのシドニーで体重は約6kgの小型。毛吹きは良いものの毛色はクリームでした。このラリーは栗田義也が約1年間非公開に飼育した後展覧会に出陳され、1年半位後に長野市の水野医師に譲渡されたようですが、1年後に消息を絶ちました。

　ラリーの血統は孫犬のレンジャー（ラリーよりも純白で毛尺のある優秀犬で展覧会では3年間優勝したと言われています）によって残ったようですが、このレンジャーもその後の戦災時に命拾いしたにもかかわらず昭和21年に行方不明になってしまいました。

　戦後、全国に先がけてスピッツの飼育が再開されたのは西日本からで、疎開先などから名古屋にスピッツが集められ中でも、戦前、三井物産の方がハルピンから連れ帰った牡犬2頭の内のジョンオブホワイトローズが中京スピッツ界の種牡として活躍し体型の優れた子孫を残し、その後はチャンピオンのキング、ハッポーなども活躍して急速に子孫の数を増やしていきました。

　以上のように同じスピッツでもアメリカ、カナダ、シベリア、オーストラリアなどでその毛色も様々。当然そのタイプにも異なった点があり、これら違う資質を持ったスピッツたちが基礎となり混交され、今日のスピッツの土台となっています。

🐾 1937 年（昭和 12 年頃）

　地方の中でも愛知県の豊橋から蒲郡一帯は戦前から屈指のスピッツ飼育地として知られていましたが、渥美半島福江の方が大阪から牡牝各 1 頭を購入して繁殖をしたのがこの地方最初の繁殖犬と言われ、これらの子犬達の殆んどが大阪地方へ移出されました。

🐾 1939 年（昭和 14 年頃）

　豊橋の白井栄太郎が名古屋の森貞二郎より牡牝 1 頭を購入して繁殖を始め、次いで豊川の方が戦前に数 10 頭繁殖したようです。戦争末期から終戦直後は他の犬達と同様殆んどのスピッツが姿を消してしまいました。しかし、この地方には何頭かの疎開犬達が生き延びていたという話もあり、中でも豊橋の方々が牝 1 頭と牡 1 頭を飼育していたという話や、蒲郡に数頭のスピッツが飼育されていたという話が伝えられています。

各地での飼育状況（1944 年度の統計）

都道府県	飼育頭数	入手経路	価格		
			子犬	成犬牡	成犬牝
北海道 函館市	函館　　700 頭 道内　　 70 頭	名古屋・豊橋 東京・大阪方面〜	5,000 〜8,000 円	20,000 〜50,000 円	10,000 〜25,000 円
秋田県 秋田市	30 頭	東京・名古屋方面〜	3,000 〜8,000 円	30,000 円	20,000 円
新潟県	200 頭	東京方面〜	3,000 〜 10,000 円		
群馬県	県内で　300 頭	ペットショップ	5,000 〜8,000 円		
栃木県 足利市	100 頭	東京〜8 割 名古屋・高崎方面	8,000 〜10,000 円	40,000 〜50,000 円	30,000 〜40,000 円
埼玉県 大宮市	500 頭	東京・名古屋方面	3,000 〜8,000 円		
東京都 立川市	250 頭	米軍・東京方面〜	4,000 〜5,000 円	10,000 〜70,000 円	20,000 〜30,000 円
神奈川県 横浜市	3,000 頭		3,500 円	15,000 円	10,000 円
山梨県 甲府市	30 頭	東京〜8 割 名古屋方面〜2 割	3,000 〜6,000 円	（成犬の売買なし）	
三重県	100 頭	名古屋方面	牡 6,000 〜7,000 円 牝 3,000 〜6,000 円	7,000 〜 10,000 円	
兵庫県	2,000 〜 3,000 頭		3,000 〜15,000 円	5,000 〜 30,000 円	
和歌山県	市内　　30 頭 県内　　50 頭	大阪方面〜	3,000 〜7,000 円		

🐾 ブームの到来そして終息へ

　終戦後、日本は驚異的な発展を遂げ、入ってきたアメリカ文化へのあこがれから外来犬種飼育への欲求は高まったものの、まだまだ洋犬の値は高くて庶民の手には届きにくい時代でした。このような時代背景の中で純白の長い被毛を持ち、明るい洋犬のような魅力を持ったスピッツに人気が集中。日本で最も大衆的な家庭犬となって行きます。

何故、スピッツは大流行したのか？

＊ 時代背景

　終戦後、犬の姿が消えた街は治安が悪く、番犬として犬を求める人々が増えはじめました。そして市民生活が少しずつ平穏になってきた頃、ラジオや雑誌で紹介されるようになると、みんなこぞって海外文化や生活様式を生活の中に取り入れるようになってきます。

　たとえば家には応接間を造り、ソファーやテーブルを置き、和室ばかりだった建築家屋が様変わりしたのもこの頃。人々は番犬ではなく応接間のソファーで一緒にくつろげる犬を求めるようになってきたのです。

　そして、犬界では「副業にはスピッツを飼って繁殖・販売すれば必ず儲かる」と言われはじめ、東京、関西を中心に全国的に人気が高まり、愛玩犬の中で最大数を占めて日本犬やシェパードよりも人気がある犬種となります。

＊ 白色長毛種で日本犬と洋犬の魅力を兼ね備えている

　古今東西、白いものは清浄潔白を意味するという観念から白色崇拝という思想があり、日本にも古くからインド・中国・朝鮮を通じてこの思想が伝わっていました。白象・白孔雀・白馬・白虎・白蛇なども神聖視されているからと思われます。

＊ 業者が値段を法外に吊り上げなかったから

　輸入されたわずかな犬を在来内地産の犬と交配。業者や一部の愛好家が結集して他の洋犬や日本犬のスタンダードを常識的に取り入れながら、良種作出に懸命の努力を惜しまず、業者も値段を法外に吊り上げなかったことも要因といえます。

＊ 女性や子どもが楽に扱える犬種だった

════════ スピッツ受難の時代に ════════

しかし、この人気が災いになってしまいます。スピッツの繁殖が利益追求の手段となり、質よりも量と粗製乱造された結果、性格が過敏化しよく吠えるものが多発。「うるさい犬」の代名詞になってしまいます。同時に、このころアメリカン・コッカースパニエルなどが人気犬種になり、日本犬でも柴犬や秋田犬の人気も再燃しはじめたので、スピッツはしだいに人気を失っていきました。

════════ 信頼回復へ ════════

終戦後 1948 年（昭和 23 年）以降、JKC や他の単犬種団体発足迄のこの時期は血統書やスタンダードがありませんでした。では繁殖の基準や目標が必要なブリーダーや展覧会の審査は何を拠り所にしていたのでしょうか？

<体　型>立耳巻尾の日本犬に類似していたので、その知識が応用されていた。
<被　毛>「白一色」が良いとされ、毛質は直毛、開立毛、豊毛性が尊重された。
<問題点>耳の立ち方や目鼻も日本犬とは違い、被毛に関しても長短区分のない飾毛も豊毛であれば良しとされていた。
　　　　この頃見られたサモエド型の赤鼻や過大な耳、極端なアップルヘッド、突出目や真鍮色の明るい目、全身長短のない均一毛のスピッツが白一色であれば展覧会で上位に選出されていた。

🐾 1948 年末（昭和 23 年末）
JKC が発足。組織拡充と純粋犬種飼育の普及を目的とした展覧会が各地で大規模に開催されると、その中にスピッツの姿も見られるようになりこうした展覧会で上位に入賞した牡犬が「名種牡」と名乗りをあげ「格」をつけるために血統書の必要性が認識されるようになりました。

🐾 1952 年（昭和 27 年）
４月には伊藤治郎の指導のもと、今泉実兵が「東三スピッツ協会」を設立して改良増殖の第一歩を踏み出し、この協会の発足から３年間でスピッツの数は約３倍に増加。しかしこの後、テレビの普及によって他犬種の人気が高まると同時にその活動も下降していきました。

🐾 1954 年末（昭和 29 年）9 月

　JKC が『日本スピッツ』と呼称することを正式に決定。同時に、純粋度判定制度を設けて「三代前後の血統が明確に記入されているものを認める」という通達を出しました。またこの頃には単犬種団体も設立され、発掘された 10 数頭の基礎犬達が初めて計画繁殖のラインに乗ることに。しかし、長期間の血統空白時代の現実は重く、彼らから受ける遺伝子的影響を詳細に把握するためには数代後の結果を待たなければなりませんでした。

　このブームの中からスピッツを「日本独自の犬種として確立し固定すべきだ」という声が上がり、しかもそのためには「単犬種団体の設立が必要」という要望が多く寄せられ、昭和 29 年に『日本スピッツ協会（JSS）』が設立されています。

> ＊日本スピッツ協会（JSS）＊
> 　千葉県の伊藤誠一郎が主催して昭和 29 年頃に発足しましたが、スタンダード発表と文筆活動だけで畜犬団体としての事業は行われませんでした。
> （その後昭和 34 年頃に NSA 発足に際し事実上の消滅を確認した上で同一名称の日本スピッツ協会設立となりました）

🐾 1955 年末（昭和 30 年代）

　ようやくスタンダード（標準体型規則）が作成され、昭和 30 年に『日本スピッツクラブ（NSC）』が発足しましたが、『日本スピッツ協会（JSS）』とともにその活動は短く、残念ながらこの時期をピークにスピッツの人気は下降してしまいました。

> ＊日本スピッツクラブ（NSC）＊
> 　東京の井上一が同好者に呼びかけて昭和 30 年に結成。各所に支部もいくつか設立され、血統書の発行、本、支部展の開催、種牡認定や CH 制度の実施、会報の発行、スタンダードの制定など単犬種団体としての活動はされていましたが、発足後 4 年で解散となっています。

🐾 1959 年（昭和 34 年）

・7 月 19 日　日本スピッツ協会（NSA）が誕生。NSA はこの後 60 年間、単犬種団体として日本スピッツの犬質向上に貢献し続け現在に至ります。

・11 月 1 日　NSA が血統登録及び諸登録受付を開始し、これまで JKC をよりどころにしていた日本スピッツ各血統の所有者達が次々と NSA に登録し主要血統のほとんどを掌握できることになりました。

🐾 1961 年（昭和 36 年）

・11 月　ドイツのスピッツ協会から NSA に資料と写真が届き、その資料が
　　　　NSA スタンダード作成に大いに貢献。そして NSA が正式にスタン
　　　　ダードを制定。この発表により、それまでのスピッツサイズ論争に
　　　　終止符が打たれ犬界で大きな評価を受けました。

サイズ論争

＊　大型から小型へ

　　アメリカとドイツのスタンダードによって一応の判断基準は整いまし
たが、その標準サイズは相当に大型でした。

　　名古屋地方で始まったブーム前期は、サモエドの雑多な交配により大
型の個体が多数に。その後小型指向論争が巻き起こりました。

　　これは当時日本
の犬界でスピッツ
のサイズを論ずる
ことがタブーとさ
れ、主導的な立場
にあった JKC でさ
えこの問題にノー
コメントだったか
らと考えられます。
その後 1955 年以
降各団体からスタ
ンダードが発表さ
れています。

団体名	体　高	体　重
ドイツ型白色 スピッツ	40cm（標準）	20kg 内外
日本スピッツ クラブ	牡 33 ～ 39cm 牝 30 ～ 36cm	牡 体高×(0.2 ～ 0.24) 牝 体高×(0.18 ～ 0.24)
日本スピッツ 登録協会	牡 35 ～ 38cm 牝 33 ～ 35cm	牡 9 ～ 11kg 牝 7 ～ 9kg
小林文雄氏の スタンダード	牡 30 ～ 40cm 牝 27 ～ 37cm	明記なし
日本スピッツ 協会	牡 35cm（標準） 牝 32cm（標準）	牡・牝とも 体高×0.2

＊　小型から中型への移行

　　この頃の日本スピッツを取り巻く環境は、依然畳の部屋での生活が
主だったので大型タイプの体高 38cm 前後というサイズは過大感があり、
最終的には大型の良さを失うことなくその欠点を是正してサイズを体高
35cm 前後の中型に移行するという方向性が見えて、結局 1961 年（昭和
36 年）11 月に NSA がスタンダードを第一次修正してサイズを決定する
と、このサイズ論争はぷっつりと消え去ったのです。

══ 第3回畜犬講習会・スピッツ愛好者の集い ══

昭和30年5月7日午後2時から当時の「愛犬の友社」社長 小川菊松邸で「第3回畜犬講習会・スピッツ愛好者の集い」が開催。
この講習会には小川菊松の他に村田謙造（名犬ボンの所有者）ら多数の愛好家が参加。秦一郎・金子勇次郎が講演、当日欠席した伊藤誠一郎（同社編集長）の講演予定草稿が読み上げられ、充実した内容に参加者一同は多大な収穫と満足感を得て署名し散会しています。

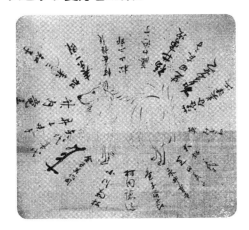

談話記録 愛犬の友1955年6月号（昭和30年6月1日発行）記事より。
当時の記事記載内容の原文で紹介させていただいています。

①標準を確立し、純白であるべき被毛が時に黄色や赤色などの差し毛のあるものを排撃し、あくまでも小型犬として気品のあるおとなしいものにしたい。
②種犬制度を確立して好ましくない繁殖をさせぬように徹底させ、血統登録を確立したい。
③①と②を実現するのには強固な倶楽部か、又は協会を作り展覧会とか鑑賞会を折々催すようにしたい。
④既に幾つかの倶楽部や協会があるようですが、あまり活発に動いていないようですから、どうか積極的にやっていただきたい。微力ではありますが「愛犬の友」は喜んでご後援申し上げますから、願わくは大同団結して力強い会になるよう御努力あらんことを切望いたします。

社長 小川菊松の提言

「日本スピッツが正しい系統、良い性質の犬の交配によって一年一年と良いものになっていくように努力することは極めて重要な事であると思われる。」と提言。

村田健三

「日本スピッツの将来と発展策」と題して、「スピッツの愛好家の方々にはいっそう結束して将来はスピッツの正しい血統書を作成して日本人の手で真に日本的で美しいスピッツを作り出していただきたい。」と提言。

泰一郎

「スピッツの交配、妊娠と分娩」と題して、交配時期、適期、分娩回数、妊娠中の管理、受胎の確認から出産、分娩後の管理などを詳しく説明。

金子勇次郎

日本スピッツの標準的体系について総合的に説明し、「スタンダードを制定分析して必要要素を取り出して新たなスタンダードをまとめあげることが重要である。」と提言。

伊藤誠一郎

══ 昭和の新犬種『日本スピッツ誕生』秘話 ══

　日本スピッツは最初から一つの純粋犬種として日本に渡来したものではなく、"スピッツ"族と考えられる何種類かのものが、計画繁殖によらずに混交され結果的に独自の犬種に発展したと考えられています。

　数十頭の基礎犬からその後、数十万頭の日本スピッツが繁殖されましたが、各種の外来犬種が日本に入ってから何代かすると必ず退化現象が起こり、新しい血液の導入を必要とするのに反し、1952年（昭和27年）頃にアメリカ産と言われているロイヤルヒラー（ワシントン犬店所有）と中川弘所有ホワイティイリノイの2頭以外には、新しい血統が入った事は確認されていません。

　ただし、1945年の終戦直後に在日ドイツ人が箱根に集められた時、ホワイトスピッツを飼育していた人が多数いて、それらのスピッツを東京や名古屋の畜犬商たちが譲り受けたとの話しは伝わっています。

　このように日本スピッツは、質的にも他の外産犬に比べれば比較にならないほど貧弱で、少数の血を取り入れただけで信頼すべき血統書もないまま、ただ見た目に少しでも良い犬同士を交配して作出された犬種と言えます。

　しかし、そのような中で目的意識を持った業者や一部の愛好家たちが、海外の標準書を取り入れながら「良犬作出」を目指して努力を続けています。

　戦前、戦中さらにブーム再現の混乱期にあっても、常に根強い愛好家たちによって受け継がれた意識と意欲が「日本スピッツ」という新犬種確立の夢を実現させたのです。

　この一犬種確立を支え続けたのは「この犬種でなくてはならない」という動機と、「より良いものを作出したい」という意欲です。

　また、この犬種の持つ魅力を高めて飼育者の層を厚くしたのは、「品質を改良して、より洗練されたものを作出する」努力で、更にこの犬種を後世に伝える原動力になったのは「この犬種に必要なもの、大切なものを追求する意欲」と「そのために必要な知識を得るための努力の積み重ね」でした。

　日本スピッツの改良と作出は「吠えない犬種」の固定を目的にしたものではなく、性格面の改良を進めた結果「ムダ吠えをしない個体」が増えていったことを明記しておきます。

　そもそも、犬に対して「吠えないこと」を要求するのは、私たち人間が「話さないこと」を要求されるのと同じで、人間の身勝手な要求に過ぎないと考えます。

犬種名は「スピッツ」

　スピッツ族が最初に渡来して以来しばらくの間は「サモエド」と呼ばれていました。それはスピッツが欧州の犬界で承認されておらず、スピッツに似たもので犬の著書に記されていたものは「サモエド」だけだったからです。

　しかし、サモエドの写真を見ると毛色と体型は似ていますが、大きさには差があり、外観から受ける感じは全く異なっていました。

　そのような中、昭和初期にイギリスで発行されたハッチソン著の【犬の百科事典】の中に、日本にいる犬たちによく似た犬を「目下欧米で流行しているスピッツ」と書いてあり、さらにアメリカの雑誌「ドッグ・ワールド」にはサモエドの他にエスキモー・スピッツという、やはり日本にいるのと大きさも外観もそっくりな犬の写真が載っていました。

　これらのことから、当時横浜に住んでいた伊藤治郎が、「日本にいる白い犬はサモエドではなく"スピッツ"という種類だ」と主張しましたが、初めのうちは賛同が得られませんでした。

　しかし、伊藤治郎は機会がある度に在留外国人たちに質問をし、「大きいのはサモエドで小さいのはスピッツと呼ぶ」との答えが多かったことから「スピッツ」と呼ぶことを主張し続け、だんだんと「スピッツ」という呼称が定着していきました。

日本スピッツ海を渡る！

　戦後の大流行の時から日本スピッツが海外に渡っていたと思われていますが、それは日本在住の外国人が帰国の際に連れ帰ったなどの理由のために確かな記録が残っていません。

年代	国名	詳細
1961 年 （昭和 36 年）	日本 →アメリカ	アメリカ人ツワローグ夫人のヒサコが牡牝 2 頭の愛犬（日本スピッツ）を連れて帰国した。
1962 年 （昭和 37 年）	日本 →アメリカ、カリフォルニア 　州オークランド	M・C ビーブ夫人から日本動物愛護協会を通じて申し込みがあり牝 1 頭を 100 ドル（3 万 6000 円。輸送費別）で分譲した。
1964 年 （昭和 39 年）	日本 →アメリカ、ミズーリ州	牡 1 頭、牝 2 頭。 所有者シシリア・S・ヒル。
1973 年 （昭和 48 年）	日本 →スウェーデン	このころから本格的なスウェーデンへの輸出が始まった。 依頼主はメイ・アンドレアソン夫人でゴールデンメドウ犬舎、ローズガーデン犬舎などから数多くの子犬が分譲されるようになった。
1984 年 （昭和 59 年）	日本→デンマーク （2 月 18 日） 日本→イタリア （3 月 14 日）	牡 1 頭 牡牝各 1 頭
1995 年 （平成 7 年）	日本 →カナダ	大阪の市川一郎の繁殖犬ハーベイとハニー（牝）をミセス・カレンに分譲。

━━━━ スピッツ復活へ ━━━━

🐾 1986 年（昭和 61 年）

　5 月 25 日　NSA 第 53 回本部展と JKA[1] 第 8 回展が合同で、東京の明治公園で開催され、出陳犬約 600 頭の中から牝組ベストインショー（BIS）"スプランミオブビューティフルセキ"が選出されました。

スプランミ　オブ　ビューティフルセキ

※ 1　JKA（日本単犬種団体連合会）
1982 年（昭和 57 年）7 月 11 日に発足した単犬種団体。加盟協賛合わせて 14 団体 16 犬種が協力して発会式が行われ、10 月 17 日の創立記念展には 10 団体 10 犬種 480 頭が出陳、NHK テレビの取材もあり華々しく開催されました。

＜当日の参加団体＞
日本グレートデン協会 / 日本プードル倶楽部 / 日本ヨークシャー・テリアクラブ / 日本ワイヤーヘアード・フォックス・テリア倶楽部 / 日本ドーベルマンクラブ / 日本狆クラブ / 日本アフガン・ハウンドクラブ / 日本シェットランド・シープドッグクラブ / 日本スピッツ協会　以上順不同

＜補足＞
上記の単犬種団体クラブ名称は現在の JKC とは異なっている犬種名もあります。

🐾 1988 年（昭和 63 年）
日本スピッツの陶製置物が誕生！
愛知県瀬戸市で戦前から輸出用の陶器を製作していた「コーワ陶器」からスピッツの置物が発売されました。この製作には名犬達の写真を参考にしただけでなく、当時現存していたスピッツを職人達が直接観察して写実的に仕上がっています。

🐾 2002 年（平成 14 年）
日本スピッツファンクラブ（NSC）設立
日本スピッツの健全な発展に寄与することに努める為、展覧会等を通じて繁殖、育成に関する情報交換・研修を行い、合わせて会員の親睦をはかると言う趣旨で設立。年に 2 回の展覧会開催、会報発行さらには海外との交流も積極的に行われていたが 2019 年秋に活動を休止しました。

🐾 2008 年（平成 20 年）
「スピッツミュージアム」開催
3 月 7 日〜9 日迄愛知県一宮市で開催された「日本スピッツミュージアム・2008」ではスピッツを題材にした本や絵画・置物・雑貨・資料などが数多く展示されました。スピッツを連れた愛好家達が多勢集まり、中日新聞に開催中 2 回報道されています。県内外からの入場者数は 250 名を超えるほどの大盛況の 3 日間となりました。

════ スピッツのスタンダードと解説 ════

　各犬種に定められたスタンダードとは動物の尊厳を保ちながら種の保存に携わるために必要な指標で、各犬種が有すべき特徴の理想的標準を骨格として組み立て、その骨格に幅のある肉・血・皮・毛を付けて総合したもので「一分の差異も許さない」という緻密なものでありません。

　また、外見的体型の標準を指し示すだけのものではなく、個々の犬種の存在根拠さらには管理、教育などの要素を含んだ総合的なものとしています。

　日本スピッツのスタンダードは犬質の改良、血統の充実を図る上にも絶対必要で「日本スピッツはスピッツ族であるから原産国や先進諸国の権威あるスタンダードから離れるべきではない。」という理念の基に制定されるべきで、愛好家はこのスタンダードを基に「愛玩犬を兼ねた家庭警備犬（愛玩犬としての可憐さと気品、警備犬としての敏捷さと勇敢さの二つの魅力）という飼育目的を持つ」人々から愛される日本スピッツの繁殖を目指すこととします。

＜一般外観＞
・体躯はよく引き締まって乾燥度高く、短胴箱型。
・四肢は細めで強靭。
・首立ちの良い前高の体躯とそれを覆う純白の豊富な被毛、及び尾が連係よく調和した姿態は、颯爽とし敏捷で快活な動作とリズミカルで軽快な歩様による動態美と牡の気迫や牝の可憐さ、さらには凛々しさや高雅な気品・明朗さなどの表現が相まってこの犬種の特色が完成される。
・性情は温和で忠実、怜悧で警戒心に富み勇敢であるが喧騒であってはならない。

> 一般外観とは表現や体構・サイズ・毛色などの総合的な犬種の特徴の事。

＜被毛＞

純白のダブルコート（二重被毛）で下毛は柔らかく密生し、上毛は真っすぐ
で硬く開立している。各部の飾り毛は体躯に調和して伸び長短区分がはっ
きりしている。（毛態は各部飾り毛の伸長度や密生度によって体躯との調
和が決まるが、単に毛量が豊かであれば良いという訳ではない）

長毛犬にとって被毛は個々の犬種の魅力を最大限に発揮できる重要なポイント。

毛態………毛態とは毛質・毛量とその開立度と伸長度によって形成され
　　　　　　る姿態美の事で、日本スピッツの被毛は体温の調節とか外傷
　　　　　　防止といった本来の機能のほかに"美観"という要素が加わっ
　　　　　　ている。
毛質………スピッツの被毛は上毛（オーバーコート）と下毛（アンダー
　　　　　　コート）の２種類から成っているが、下毛は肌に密生して保
　　　　　　温の役目を果たすとともに上毛の支えになっており、上毛は
　　　　　　直毛でつやがありよく開立している。
毛色………日本スピッツの理想の毛色はつやがあり、陽光の下では白銀
　　　　　　のラメのように光る白色。

　　　　　　＜好ましくない毛色＞
　　　　　　・レモン色（黄褐色）の被毛で発生部位が一定でなく、根元から毛
　　　　　　　先まで完全に有色のものが多い。
　　　　　　・灰色や薄茶色で発生する部位が一定で、毛の先端だけが有色で
　　　　　　　根元は純白。
　　　　　　　発生しやすい部位は、耳の縁の外側下部、耳の後ろ面、後頭部、
　　　　　　　背面飾毛の先端、後躯背面（尾根部付近）、フリルの左右先端。

飾り毛……スピッツの上毛は長短区分がはっきりしているのが理想で、
　　　　　　全身の被毛が一律の長さをしているものは好ましくない。
姿態美……姿態の美しさとは毛量と伸長度とが体構やサイズとよく釣り
　　　　　　合い、飾り毛のすべてが相互によく連繋して全体として調和
　　　　　　が保たれている状態のことである。

<頭部>

頭蓋はやや丸みを持ち体躯に釣り合う大きさで、口吻は尖るものの長過ぎず、太過ぎず、細すぎない。額段はゆるやかで顔面の被毛はスムーズ。

> 頭部全体のサイズは体躯と均整のとれた適度な大きさが望ましく、上から見ても横から見ても頭蓋の後部が最も幅広く鼻端に向かってゆるやかに細くなる。急激に細くなって口吻が四角いものは犬種的ではない。
> 頭部の形はやや丸みを帯び、側望した時に額段はゆるやかであり、しかし明瞭でありたい。

眼…………銀杏の実型で黒色の眼縁。虹彩は暗黒色で涼やかな目張りをしている。

> 眼はスピッツの犬種的魅力である"凛々しさ"を表現する重要な部位の一つ。

鼻…………鼻鏡はやや小さめの漆黒色で丸みを持ち鼻梁は真っすぐ。

> 鼻梁…口吻型の犬種にとって鼻梁は品位を左右する重要な部分で、鼻梁の線が綺麗であれば端正で気品豊かな表情が表現できる。
> 鼻鏡…好ましい鼻鏡とは鼻梁の線を崩さず、尖った口吻と調和がとれた大きさ。ただし鼻鏡の色素は季節や年齢、生理作用によって変化することがある。

口…………黒色で良く引き締まっている。

歯…………鋏状の正咬合。

耳…………耳は頭部に調和する大きさであるべきだが、やや小さめで両
　　　　　耳の中心線は並行し、なるべく接近している事。

> 　日本スピッツの耳は直立耳で、大きさは頭部（特に口吻）とのバ
> ランスが大切であり又犬にとって耳は単に聴覚や平均感覚を司る
> 器官ではなく、感情を表現する部分でもあるため犬の心理状態に
> よって違って見えることもあるので注意深く観察する必要がある。
> 　耳の先端部は鋭く尖らず、滑らかにカーブをする。スピッツの
> 語源である"シュピッツ"は確かに"尖る"ことを意味しているが、と
> げとげしさや鋭さを表現する犬種ではなく、耳や口吻の先端に滑
> らかさを持たせた温和で気品を表現する犬種と理解すべきである。

＜背＞
短直で後方に向かってわずかに傾斜している。

> スピッツの理想体型である前高姿勢の場合、必然的に背は後ろに向かって傾斜し、
> 背も短直となる。何よりもこのキ甲の高さが骨格・構成・運動能力・姿態形成を
> 支えている。

＜胸＞
適度な胸幅と胸深を有する。

> 胸部にある心臓や肺などの臓器は生理的に活動するためにも十分な容積が必要で、
> そのためにはよく張った肋骨に支えられ適度の深さと幅が必要。

＜腰＞
前躯より細めで急に傾斜せず、高くないこと。

> 腰は後躯の推進力を前躯に伝える役目をしており前躯より幾分細めではあるが、
> 十分に発達した筋肉によって力強く構成されているのが望ましい。

＜腹部＞

引き締まって後方に巻き上がっている。

> 充実した胸から後方に向かってよく引き締まって巻き上がっている。

＜四肢＞

細めではあるが、強靭で前肢の肢関節以下は真っすぐで平行して直立し、外向も内向もしていない。後肢は飛節以下が垂直で後方から見た場合は平行し、外向も内向もしていない。趾の握りは固く猫趾型。（狼爪は除去する）

> 四肢は静と動の２つの面で姿態良否を決定づけるもので、スピッツの四肢は細めでも弱々しい感じではなくすっきりと伸びて弾力がありピアノ線のように細い中にも強靭な力を秘めている。

＜尾＞

尾は位置高くつき、その保持は尾根部分から前方に向かって弧を描きながら背面上を正中線に添って真っすぐ背負っている。

> 尾は言葉を持たない犬にとって感情や動作の表現を人間に伝える役目を持っている。付着位置は高く、尾体には節がなく背中線に沿って真直ぐに背負いその先端が背より下がらないのを理想とする。又尾には豊かでよく伸長した尾毛が付き、後首部から飾毛（メイン）と自然に連繫して姿態美を形成する。

＜飾り毛＞

> メイン……後頭部から首筋、キ甲部に生え、先端は背面で開立する。飾り毛の中で一番長い。
> フリル……両頬から肩甲部にかけて密生して生える。飾り毛の中で最も美しい。
> エプロン…前胸部に形成され、その左右が肩まで達して生える。
> フェザー…①前胸部の下端から胸底にかけて生える。
> 　　　　　②腕関節から肋まで前肢後側に生える。
> 　　　　　③臀部から下腹後方に生え、その縁は尾根部から弧を描いて飛節に達する。

犬体各部の名称と飾毛各部の名称

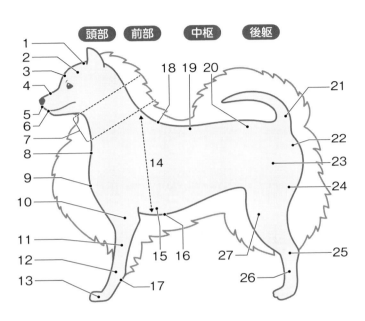

頭部　前部　中枢　後躯

1 ……	前頭部
2 ……	頭蓋
3 ……	額段（ストップ）
4 ……	鼻梁
5 ……	鼻鏡
6 ……	口吻
7 ……	顎部
8 ……	前胸部
9 ……	上膊部
10 ……	肘関節
11 ……	前膊部
12 ……	腕関節
13 ……	腕前部（つなぎ）
14 ……	胸深
15 ……	下胸部
16 ……	胸底
17 ……	腕球
18 ……	キ甲
19 ……	背部
20 ……	腰部
21 ……	尾根部
22 ……	臀部
23 ……	大腿部（上腿）
24 ……	脛部
25 ……	飛節
26 ……	肢前部
27 ……	膝関節

イ ……	メイン
ロ ……	フリル
ハ ……	エプロン
ニ ……	フェザー
ホ ……	プラム

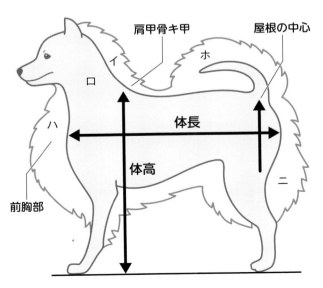

肩甲骨キ甲　屋根の中心　イ　ロ　ハ　ニ　ホ　体長　体高　前胸部

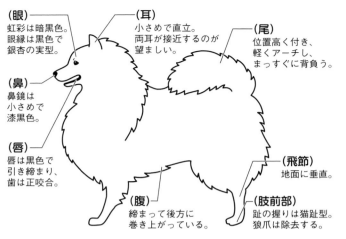

（眼）
虹彩は暗黒色。
眼縁は黒色で
銀杏の実型。

（耳）
小さめで直立。
両耳が接近するのが
望ましい。

（尾）
位置高く付き、
軽くアーチし、
まっすぐに背負う。

（鼻）
鼻鏡は
小さめで
漆黒色。

（唇）
唇は黒色で
引き締まり、
歯は正咬合。

（腹）
締まって後方に
巻き上がっている。

（飛節）
地面に垂直。

（肢前部）
趾の握りは猫趾型。
狼爪は除去する。

＜体高＞
牡は34～38cm、牝は30
～34cmを標準とする。

＜体長＞
体高10に対し、体長比
は牡が10.5、牝は11以
下とする。（正方形に近
い）

＜体重＞
牡牝共に体高（cm）×0.2
＝体重（kg）を標準とする。

━━━ スピッツライクの追求 ━━━

スピッツライクという言葉は、『スピッツらしさ・スピッツとして好ましい』という意味に愛好家が用いますが、このスピッツライクという言葉を提唱したのは柴稠と豊田初恵というのが通説です。

全体的なあり方として、容姿は凛々しく骨量豊かで乾燥度高い体躯はサラブレッドの姿を思わせ、胸は発達し腹部は巻き上がっています。首は長めで頭部の維持が良く、尾は位置高く。全体的な印象としては重厚感ではなく軽快感が強く望まれ、従って四肢は細めだがピアノ線のように、細い中にも強靭な力を秘めていてることが望ましいです。

被毛、毛態は雪白の豊かな被毛（各部飾毛の伸長度や密生度）が体躯と調和していること。

性相は、牡犬は貴公子然とした気品とそれをより高雅なものにするための気魄・迫力を求めたい。

牝犬の場合は気魄、迫力をストレートに表現するのではなく牡犬とは趣を異にした牝犬らしさの中で発揮されるべきて、"きりり"とあか抜けて芯の一本通った気品のある美しさを求めたい。

以上のように雪白の被毛、くっきりとした漆黒の目鼻と鼻筋の通った気品の或る容貌と、日本スピッツ誕生から飛躍的に向上した理想的家庭犬としての資質（性格面・鑑賞面共に）を兼ね備えていることが日本スピッツの身上であり、スピッツライクの終局もここに至るものと考えます。

スピッツライクな姿

ハードレー (牡)

所有者：長谷川照年

アサオミ (牡)

所有者：窪田とみ子

ギャラクシー (牡)

所有者：伊倉三郎

竹千代 (牡)

所有者：田村次郎

白竜 (牡)

所有者：窪田とみ子

アサフジ (牡)

所有者：岡田美和子

ナルミ（牡）

所有者：桑山順二

菊丸（牡）

所有者：山本寿美子

スプレンダー （牝）

所有者：関富美

奈津貴 （牝）

所有者：岡田美和子

カリス（牝）

所有者：川野佳代

フォスタークイーン（牝）

所有者：高梨千代子

══════ スピッツライクな顔 ══════

ハードレー （牡）

所有者：長谷川照年

アサオミ （牡）

所有者：窪田とみ子

ランドルフ （牡）

所有者：堀の内昭子

アサフジ (牡)

所有者：岡田美和子

ミコト (牡)

所有者：川野佳代

コンフィデンス (牝)

所有者：窪田とみ子

奈津貴 （牝）

所有者：岡田美和子

フォスタークイーン（牝）

所有者：高梨千代子

カリス（牝）

所有者：川野佳代

━━ 一般的に「可愛いタイプ」と称されるタイプのスピッツ ━━

アキラ （牡）

所有者：渋谷悦子

チャールズ （牡）

所有者：冨田周藏

ミカド （牡）

所有者：青木房江

マリアン （牝）

所有者：窪田とみ子

アティス （牝）

所有者：川野佳代

ルル （牝）

所有者：岡田美和子

ハードレー (牡)

犬 名：ハードレー
　　　　オブ 花月ランド
所有者：長谷川照年

アサオミ (牡)

犬 名：アサオミ
　　　　オブ ショーナンフジ
所有者：窪田とみ子

ギャラクシー (牡)

犬 名：ギャラクシー
　　　　オブ ナデシコランド
所有者：伊倉三郎

竹千代 (牡)

犬 名：竹千代
　　　　オブ 横浜高田
所有者：田村次郎

白竜 (牡)

犬 名：相模窪田白竜
所有者：窪田とみ子

ナルミ (牡)

犬 名：ナルミ
　　　　オブ ナデシコランド
所有者：桑山順二

菊丸 (牡)

犬 名：鎌倉速水荘菊丸
所有者：山本寿美子

スプレンダー (牝)

犬 名：スプレンダー オブ
　　　　ビューティフルセキ
所有者：関富美

奈津貴 (牝)

犬 名：相模窪田奈津貴
所有者：岡田美和子

フォスタークイーン (牝)

犬 名：フォスタークイーン
　　　　オブ ミスチーフクィーン
所有者：高梨千代子

ランドルフ (牡)

犬 名：ランドルフ
　　　　オブ 相模窪田
所有者：堀の内昭子

アサフジ (牡)

犬 名：アサフジ
　　　　オブ ナデシコランド
所有者：岡田美和子

ミコト (牡)

犬 名：ミコト
　　　　オブ グレイスハイド
所有者：川野佳代

コンフィデンス (牝)

犬 名：コンフィデンス
　　　　オブ ネドリー
所有者：窪田とみ子

カリス (牡)

犬 名：白亜館カリス
所有者：川野佳代

アキラ (牡)

犬 名：アキラ オブ
　　　　サガミイマキ
所有者：渋谷悦子

チャールズ (牡)

犬 名：チャールズ オブ
　　　　グレイスハイド
所有者：冨田周藏

ミカド (牡)

犬 名：ミカド オブ
　　　　グレイスハイド
所有者：青木房江

マリアン (牝)

犬 名：マリアン オブ
　　　　ビューティフルセキ
所有者：窪田とみ子

アティス (牝)

犬 名：アティス オブ
　　　　スイードラブ
所有者：川野佳代

ルル (牝)

犬 名：ルル オブ ティクレ
所有者：岡田美和子

══ 血統証明書 ══

　血統書の始まりは畜犬王国である、英国の医学者ワルシュによって1850年頃に創始されたと言われています。

　そして、実際の家畜の登録は同じ英国で実施された馬の歴史が最も古く進歩的だったため、これを参考に1870年代に英国で実行されるようになり、それを各国が模倣したものです。

　血統書が果たす本来の役割は遺伝形質探求のためで、この血統書の利用によってその犬種が更に良い発展をしていく可能性を導く土台になるもので犬の血統書は人間の戸籍謄本と同じ性質のものですが人の場合より一層詳細に各要項が記入されています。

　例えば人間のものでは『性別』『生年月日』『両親名』『出生地』等が記入されていますが犬の血統書には『犬名』『犬種』『性別』『生年月日』『毛色（特徴…短毛か長毛か）』『繁殖者の住所氏名』『両親犬名』さらに3〜4代祖が記載されています。

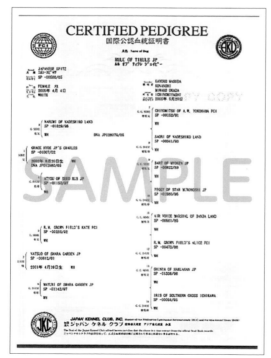

2003年9月からDNA認定の義務付けがされるようになり、サンプルのような血統証明書の様式へと変更されました。

血統証明所の記載内容は次ページ①〜⑦の番号で説明をさせていただきます。

血統証明書の記載内容

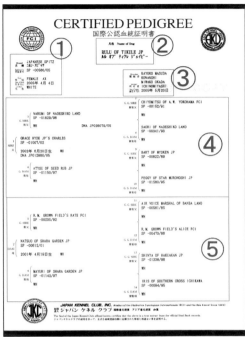

参考資料：JKC 公式サイト

①……繁殖者がつけた正式な犬名が明記されます。
②……犬種名、登録番号、性別、生年月日、毛色、その他に各種の登録番号が記載されています。
③……繁殖者、所有者、譲渡年月日が記載されています。
④……父親の血統図。
⑤……母親の血統図。
⑥……登録日、出産頭数、登録数、一胎子登録番号が記載されています。
⑦……血統証明書の発行日、名義変更記入欄、コールネーム登録申請欄、4代祖血統証明書発行申し込み欄。

繁殖

　繁殖とは生物にとって生存の最終目的であり最も重要で神聖な問題で、この繁殖によってのみ種族は改良され発展して行きます。今日の犬種の大部分が人間の手によって創り出されているため、これらの犬種には創造者である人間が維持していく責任と義務があり、従って繁殖は慎重に考える必要があり将来子孫に及ぼす影響についてまで細心の注意と管理が必要です。

計画繁殖

　計画繁殖とは「如何に不必要な遺伝子を消すか」ということですが不必要な遺伝子ほど優性な場合が多く、これらが計画繁殖を困難にしています。

　互いの短所を補い合い、しかも互いの長所を生かす繁殖こそが計画繁殖の基本で、こうした繁殖を何代も繰り返して行うことが大切です。

　日本スピッツのように歴史の浅い犬種の場合、他の古い歴史を持つ犬種のような繁殖理論は当てはまらず、一個体の優秀性のみに頼っての繁殖や極端な近親繁殖はするべきではありません。

　ある一個体が優秀であろうと同胎子の状態・体質・血統内容・両親犬の過去の繁殖結果など細部にわたっての検討を重ねた上で繁殖ラインに載せないと、隠れた遺伝的欠点が現れてしまうことがあるため繁殖者は常に全体を把握し客観的視野に立って改良や実践をし、それらの結果によるデーターを基に繁殖を行い、系質的・血統的に責任の持てる犬の作出を心がけるべきです。

　無計画な繁殖は好ましくない因子を引き出すことが多く、仮に好結果を得たとしてもそれは偶発的出現に過ぎません。

　日本スピッツの場合、愛玩犬として良好な性格のものを選び出し、長期間の計画繁殖の結果、理想的な性格の個体が数多く出現して全体の犬質レベルの向上と性格面での改良に成果が現れています。

══ 1950年代〜1960年代に各地方で血統を残した種牡達 ══

＜北海道＞

🐾 富士
父犬……ハッポーキムラ
母犬……チェリー

🐾 ピンコ
父犬……マック
母犬……パール

🐾 ホワイトスプレンダー オブ コーモランドフィールド
父犬……レンジャー オブ ミツルギソウ
母犬……ハニー オブ ミツルギソウ

🐾 ボニー ハミルトン
父犬……ベル オブ ヤマノウチ
母犬……アンカ タカモト

🐾 ジャック ミンデルマン
父犬……キング オブ キンセン
母犬……ケティ オブ タチバナ

＜東北地方＞

🐾 ジョリー オブ 晴香荘（仙台地方の基礎犬）
父犬……ラッシー オブ ブルーバード
母犬……シロ オブ 晴香荘

＜関東地方＞

🐾 スノー オブ グリーンヒル
父犬……タロウ コモリ
母犬……メリー コモリ

🐾 キング オブ キンセン
父犬……ロック オブ イシイ
母犬……リリー オブ エンドウ

🐾 ボン
父犬……白雲
母犬……白駒

🐾 シルバースター オブ パシフィック
　　父犬……セカンド パール
　　母犬……クララ

🐾 ラッキー ホワイト
　　父犬……シロ オブ コウラク
　　母犬……メリー オブ シュウケンソウ

🐾 キング オブ ジャパンケンネル
　　父犬……銀竜 ジャパンケンネル
　　母犬……チマ ジャパンケンネル

🐾 ルビー オブ ホープ 東京
　　父犬……ラリー
　　母犬……ボン

🐾 マック オブ フタバケンネル
　　父犬……シルバー オブ シンプク
　　母犬……チイコ オブ マルハチ

🐾 アイク オブ リバーサイド （群馬県桐生市で犬質改良に貢献した）
　　父犬……ジョン オブ ハウスシライ
　　母犬……ベルハウス アサクラ

＜関西・中京地方＞───────────────────────

🐾 シルバーフォートレス パール （京都で活躍）
　　父犬
　　　　……父系にケニーオノをもち、京都で活躍した各種牡犬と言われている。
　　母犬

🐾 ジョニー タケウチ （大阪の代表的な血統）
　　父犬……パール
　　母犬……メリー

🐾 ダリー オブ ムーンライト （大阪で活躍した後に埼玉へ移入）
　　父犬……キング ジュニア
　　母犬……シロ オブ シライ

🐾 チル オブ サガ （北陸金沢で活躍）
　　父犬……ユキ フォン 尾張富士
　　母犬……エミ フォン フタバソウ

<関西・中京地方>──────────────────────────

🐾 第二ハッポー
父犬……ハッポーキムラ
母犬……チェリー

<中国・四国・九州地方>──────────────────────

🐾 コニー オブ アラカワ（松江市で犬質向上に貢献）
父犬……ハッポーキムラ
母犬……チェリー

🐾 プリンス オブ ハッピーファミリー（瀬戸内海沿岸地方で犬質向上に貢献）
父犬……ジョニー タケウチ
母犬……メリー オブ マスモト

🐾 マック オブ ナニワモリ（九州、山陰地方で活躍）
父犬……ダーリー オブ ムーンライト
母犬……ホワイトスノー

🐾 白富士（九州中部の犬質向上に貢献）
父犬……チニー オブ アラカワ
母犬……フミー オブ マッド

ボン

シルバースター オブ パシフィック

代表犬舎

犬舎名：ジュニアス	犬舎主：安井初恵	所在地：愛知県

<特徴>1955年に繁殖したジュニアスハイクラウンを中心にラインブリードとインブリードを重ねて小型で豊毛、性質は温和なスピッツ【ジュニアス系】を確立し1965年には静岡県を中心に一大ブームを巻き起こしたが10年間ほどでそのほとんどが姿を消してしまった。

犬舎名：玉名有明荘	犬舎主：小川四郎	所在地：福岡県

<特徴>1960年代頃から約20年間60数回の繁殖で繁殖犬は約200頭以上を数え子犬は国内だけでなくスウェーデンにも輸出された。

犬舎名：千本松原荘	犬舎主：田村正一	所在地：静岡県

<特徴>1965年頃から本格的に繁殖をはじめ繁殖回数は約30回と言われ数多くの子孫を残した。

犬舎名：ビューティフルセキ	犬舎主：関富美	所在地：東京都

<特徴>1970年代を中心に適切な交配で常にトップクラスのスピッツを繁殖し注目を浴びた。

犬舎名：海彦荘	犬舎主：中根宏有	所在地：兵庫県

<特徴>1970年代を中心に【シンコーソー系】にこだわりラインブリードを実践した。

犬舎名：相模窪田	犬舎主：窪田とみ子	所在地：神奈川県

<特徴>1960年代頃からNSA.CHアサオミオブショーナンフジとその直子NSA.CHコンフィデンスオブネドリー(牝)を迎えて【ラッシー系】と【キングライト系】との系統繁殖をして数多くの名犬を残した。

犬舎名：ナデシコランド	犬舎主：関谷みつ子	所在地：神奈川県

<特徴>ホワイトキャッスルオブライラックスプリングとアンネオブ花巻阿部(牝)を中心に1970年代頃から繁殖を始めその後NSA.CHマージョリーオブビューティフルセキ(牝)を迎えて良好な繁殖結果を残した。

犬舎紹介

地域	犬舎名	犬舎主	繁殖犬
北海道	アカシヤランド	高薄敏男	ジャック オブ アカシヤランド チャーコ オブ アカシヤランド
	スノーランド	瀬尾俊三	アロー オブ スノーランド瀬尾
	この地方は1950年代(昭和26～27年)頃から繁殖数が増えその後種牡が本州から移入されて数が急増したが1960年代に入ると衰退して数が激減した。		
青森県	北斗	小田中良作	ウィンナースター オブ 北斗
	カヘン荘	川辺健児	アメス オブ カヘン荘
宮城県	ミウラ	三浦きえ子	デイズフジ オブ ミウラ エメラルド オブ ミウラ
	この地方では1940年代(昭和23年)頃からスピッツの飼育が始まり当時の代表的な愛好家の中でも以下の方々がこの地方のスピッツの基礎を作ったとして尊敬を集めたと言われている。 ・大阪藤一郎(青森)・吹田鑢三郎(青森)・山田寅三(青森) ・長内昭悦(弘前)・白川良三(弘前) 1950年(昭和35年)頃から飼育頭数は約4千頭と言われている。		
岩手県	ライスフィールド	佐藤正二郎	※岩手県でスピッツの普及に尽力した。
	1950年代(昭和35年)以前には1,200～1,300頭のスピッツ飼育数が確認されていたが、その後東北地方での飼育数が激減したのは血統登録に無関心な人が多く種牡も少なかった上、適切な指導者がいなくなってしまった為だと思われる。		
群馬県	ウスイランド	上原二郎	ダーリン オブ ウスイランド
	ハラセガルデン	原勢勝雄	アレキサンダー オブ ハラセガルデン
茨城県	ハウス田北	田北文代	アクトン オブ ハウス田北 アベル オブ ハウス田北
	関東ピジョンホワイト	小澤守代	ゲイリー オブ 関東ピジョンホワイト フィリシア オブ 関東ピジョンホワイト(牝)

地域	犬舎名	犬舎主	繁殖犬
埼玉県	ムーンライト	金子勇次郎	ダーリー オブ ムーンライト アニタ オブ ムーンライト（牝）
	ネドリー	戸部良子	コンフィデンス オブ ネドリー（牝）
	オンワードシナノ	神山隆男	オンワードシナノズ ダリウス オンワードシナノズ 菊之助 オンワードシナノズ レディ（牝）
	スピリッツ青木	青木正通	キチホウシ オブ スピリッツ青木 マーガレットブルー オブ スピリッツ青木（牝） K.アイリス オブ スピリッツ青木（牝）

> 埼玉県では戦前の（昭和8年）頃から浦和地方でスピッツが多数飼育されていた。又戦時中は東京方面からの疎開者と共に来たものや引き取られてきたスピッツも数多くいたようだ。

地域	犬舎名	犬舎主	繁殖犬
千葉県	ラブリー	古谷武	J・Kチビ オブ ラブリー J・Kチャピー オブ ラブリー（牝）
	ポートマスダ	増田勝正	アルシオン オブ ポートマスダ エリス オブ ポートマスダ（牝）

> 1950年代（昭和30年）の大流行の時期に飼育者は急増したが、ブーム衰退後はスピッツの飼育者は激減した。

地域	犬舎名	犬舎主	繁殖犬
東京都	セントポール	野沢明	ベルダ オブ セントボール（牝）
	グリーンヒル	森田正雄	スノー オブ グリーンヒル ピンコ オブ グリーンヒル（牝）
	マハヤーナ	前田成慧	アゼリア オブ マハヤーナ ※NSA初代CH
	セントラル	横溝正雄	ペギー オブ セントラル ユミー オブ セントラル（牝）
	ライラックケンネル	森房昌	ホワイトプリンス オブ ライラックケンネル ダンディ オブ ライラックケンネル
	ジャパンケンネル	坂本保	ジュリアン オブ ジャパンケンネル

地域	犬舎名	犬舎主	繁殖犬
東京都	ドッグウッド	分部登志弘	スカーレット オブ ドッグウッド レディ オブ ドッグウッド(牝)
	エーデルワイス	穂積重友	アニオン オブ エーデルワイス(牝)
	サザナミソウ	西沢久治	ジャック オブ サザナミソウ ピチ オブ サザナミソウ(牝)
	アンザイ	安西寿男	ロン オブ アンザイ
	ゴールデンスター	秋山金録	エドワードボイヤー オブ ゴールデンスター クララ オブ ゴールデンスター(牝)
	東京ワシントン	沢辺恒三	ホワイトチニーボーイ 東京ワシントン
	グリーンウッド	大塚保慶	キングライト オブ グリーンウッド
	鵠沼荘	星合尚	ホワイトクイン オブ 鵠沼荘(牝) ミミ オブ 鵠沼荘(牝)
	アラカワ	清水繁次郎	チニー オブ アラカワ
	オオウチ(大内)	大内武二	アルト オブ 大内
	ボイヤー	吉田秀士	オードリー オブ ボイヤー(牝)
	グローイングフィールド	益田喜頓	ベル オブ グローイングフィールド チャールズ オブ グローイングフィールド
	サルビア	一竜齊貞鳳	アルス オブ サルビア コロ オブ サルビア
	ミサワソウ	三沢清春	シルバーチニー オブ ミサワソウ
	フジミランド	長沢芙佐子	ベビーモンブラン オブ フジミランド
	東京夏秋荘	夏秋あき子	フロイドエクセル オブ 東京夏秋荘
	テキサスワゴンズ	平川義男	テキサスワゴンズ エースダンサー(牝)
	スターキング	田口忠成	アレックス オブ スターキング アイダー オブ スターキング(牝)
	東京フランドル	角田秀磨	ダイアナ オブ 東京フランドル(牝)
	ジュニアス	豊田初恵	ジュニアス クラウン ジュニアス ベリル
	ビューティフルセキ	関富美	スプレンダー オブ ビューティフルセキ(牝) スプランミ オブ ビューティフルセキ(牝)

1950 年代は東京でもスピッツブーム絶頂期だったが、1950 年代後半に飼育数は激減し都内の畜犬商店頭からスピッツの子犬は姿を消していったと言われている。

地域	犬舎名	犬舎主	繁殖犬
神奈川県	相州目黒	目黒四郎	久仁
	<相州目黒犬舎について> この犬舎は1940年代からスピッツの繁殖が実施され1950年代には146頭繁殖し中でも久仁は「総理大臣賞」「三大臣賞」農林省の奨励メダルを獲得して直子はフィリピンのマニラ州副知事宅に贈られたと言われている。		
	サンビーム	高橋興太郎	ボン オブ サンビーム
	シルバースノー	山崎孝吉	※繁殖犬数は数100頭以上
	静海荘	前場正通	ベアトリス オブ 静海荘
	鶴見ランド(鶴見岸田)	岸田誠司	アルター オブ 鶴見ランド カーチス オブ 鶴見ランド キープチャーム オブ 鶴見ランド(牝)
	ニュードリーム	紀気作	ディズニー オブ ニュードリーム
	神奈川県内では1950年代後半から犬質改良を目指し本格的な繁殖活動が始まった。		
	ロイヤルブリード	水原美沙緒	ブライドジョニー オブ ロイヤルブリード (写真) デューク オブ ロイヤルブリード ブーケ オブ ロイヤルブリード(牝)
	サンセットフジ(フジタ)	藤田かほる	ハーバード オブ フジタ (写真) チェリーブロッサム オブ フジタ(牝)
	ライラックスプリング	鈴木美恵子	エクセルイーグレット オブ ライラックスプリング ドータスホワイトロビン オブ ライラックスプリング(牝) ジュピター オブ ライラックスプリング
	湘南富士	渡辺ハルイ	アサオミ オブ 湘南富士 ＢＢレインボー オブ 湘南富士(牝)
	マロニエランド	伊藤義子	エベリット オブ マロニエランド

地域	犬舎名	犬舎主	繁殖犬
神奈川県	ナデシコランド	関谷みつ子	ギャラクシー オブ ナデシコランド アサフジ オブ ナデシコランド ナルミ オブ ナデシコランド
	湘南東海荘	亀井よね子	マクベス オブ 湘南東海荘 マルス オブ 湘南東海荘

1960年代に活動していた犬舎の多くがほぼ活動を停止し新たな犬舎が熱心に繁殖を始めた。

地域	犬舎名	犬舎主	繁殖犬
神奈川県	横浜高田	高田キヌ子	竹千代 オブ 横浜高田 竹丸 オブ 横浜高田
	相模窪田	窪田とみ子	相模窪田 白竜 相模窪田 タカノ(牝) 相模窪田 奈津貴(牝)
	ホワイト児玉荘	児玉妙子	シンゴ オブ ホワイト児玉荘 ミサオ オブ ホワイト児玉荘(牝)
	鎌倉速水荘	速水一郎	鎌倉速水荘 菊丸
	AW ヨコハマ	脇本久一 (渥美)	千代光 オブ AW ヨコハマ バーミィ オブ AW ヨコハマ(牝)
長野県	東電荘	水谷栄子	アドマイヤー オブ 東電荘 (写真) マドカ オブ 東電荘
静岡県	ゴールデンメドウ	渡辺三朗	アンディ オブ ゴールデンメドウ (写真) ビリア オブ ゴールデンメドウ(牝)

後の大流行初期には浜松市を中心に数多くの畜犬業者が熱心に繁殖し子犬は飛ぶように売れたと言われている。

地域	犬舎名	犬舎主	繁殖犬
静岡県	千本松原荘	田村正一	テンダリー オブ 千本松原荘（牝）（写真）　　　グロリア オブ 千本松原荘（牝）
	シルバーシオン	望月勤	ハートランド オブ シルバーシオン アンナ オブ シルバーシオン（牝）
	バイオレットホーム	土屋清	フロンティア オブ バイオレットホーム
	エクセルフジ	鈴木久由	アンドレトップ オブ エクセルフジ
	スタームロホシ	室星正人	カルティ オブ スタームロホシ クロチルド オブ スタームロホシ（牝）

1960 年代後期には山田晴作、渡辺三郎、田村正一等が中心となって『JKC 日本スピッツ静岡支部』が発足した。

| | エーレンホーフ／ダ・カーポ | 黒木章夫 | アベラード オブ ダ・カーポ
エーレンホーフ エドモンド（写真） |

1950 年代に JKC で犬舎号を取得し、その後は繁殖やハンドラーとして活躍。2017 年頃からスピッツ中心に繁殖を続けている。

地域	犬舎名	犬舎主	繁殖犬
愛知県	オリエンタルケンネル	酒井義通	シーザー オブ オリエンタルケンネル
	ローズガーデン	鈴木すゑ	アンデイラッキー オブ ローズガーデン（写真）　　　ドリス オブ ローズガーデン（牝）
	白亜館	岡田美和子	慎也 オブ 白亜館 白亜館 スバル 白亜館 カリス（牝）

昭和初期の祖犬渡来に始まり日本スピッツ出現の基礎を築いた "日本スピッツ発祥の地" とも "日本スピッツの故郷" とも言われている。

| 滋賀県 | 近江前田 | 前田昇 | アンデス オブ 近江前田 |

地域	犬舎名	犬舎主	繁殖犬
大阪府	シジョーパトラ	河野幸雄	アニー オブ シジョーパトラ（牝）
	サザンクロス	市川一郎	ビショップ オブ サザンクロス シンデレラ オブ サザンクロス

この地方はブームの全盛期には畜犬業者間で激烈な販売合戦が繰り広げられていたがブームが去るとスピッツの姿は急速に消えてしまった。

地域	犬舎名	犬舎主	繁殖犬
兵庫県	ニューポート	小西末吉	バーバラ オブ ニューポート（牝）
	海彦荘	中根宏有	キングエクセル オブ 海彦荘 ナターリア オブ 海彦荘（牝）
	アンバサダー	大矢根悟	エジンバラ オブ アンバサダー
	サンモーリッツ	福山勉	アトム オブ サンモーリッツ

ブーム全盛期には大阪と並んでスピッツの"産地"として広く知られていたがブームが去るとスピッツの数は減り小型愛玩犬（例：マルチーズ）が急増した。

地域	犬舎名	犬舎主	繁殖犬
奈良県	若草ランド	日置五郎	ビーバー オブ 若草ランド（牝）
鳥取県	鳥取砂丘荘	中島操子	ファルケ オブ 鳥取砂丘荘 アキラ オブ 鳥取砂丘荘
島根県	鉄骨荘	山口三典	ヤモン オブ 鉄骨荘 マリー オブ 鉄骨荘（牝）
岡山県	マルタマ （ハッピーファミリー）	玉置芳子	プリンス オブ ハッピーファミリー キングビクター オブ マルタマ
	池田牧場		

<池田牧場について>
池田牧場畜犬部が大量にスピッツを繁殖分譲して"池田系"と称するスピッツが急増した。

地域	犬舎名	犬舎主	繁殖犬
香川県	ブルーブルード	川崎恵美子	フリッツ オブ ブルーブルード フォリー オブ ブルーブルード（牝）

地域	犬舎名	犬舎主	繁殖犬
福岡県	玉名有明荘	小川四郎	Q・Aバロン オブ 玉名有明荘（写真） Q・Aルーシー オブ 玉名有明荘（牝）
熊本県	白川野口	野口福太	キャサリン オブ 白川野口 スノーマルクイーズ 白川野口（牝）
大分県	マリナースター	橋本純一	ミカエル オブ マリナースター（写真） キトニッシュレディ オブ マリナースター（牝）

══ JKC 日本スピッツ年間登録数の推移 ══

1955 年 ／ 昭和 30 年	………………	4,373頭
1960 年 ／ 昭和 35 年	………………	3,741頭
1965 年 ／ 昭和 40 年	………………	1,170頭
1970 年 ／ 昭和 45 年	………………	899頭
1975 年 ／ 昭和 50 年	………………	456頭
1980 年 ／ 昭和 55 年	………………	765頭
1985 年 ／ 昭和 50 年	………………	940頭
1990 年 ／ 平成 2 年	………………	785頭
1995 年 ／ 平成 7 年	………………	2,083頭
2000 年 ／ 平成 12 年	………………	1,562頭
2005 年 ／ 平成 17 年	………………	1,360頭
2010 年 ／ 平成 22 年	………………	636頭
2015 年 ／ 平成 27 年	………………	840頭
2020 年 ／ 令和 2 年	………………	1,151頭

2021 年令和 3 年統計記

最も古い血統

犬名	ハッポーキムラ （牡）

父　犬：シルバーキング
母　犬：ナナ

直子
富士アカシアランド
第二ハッポーオブ永金荘
白王矢代
コニーアラカワ

血統登録が不完全であり、鮮明な写真も残っていないが当時の名犬と言われているチェリーキムラとの間に直子を残している。
※体高は 32cm 前後と言われている。

犬名	キング（サカイ） （牡）

父　犬：ジョニー東京
母　犬：チリーオブワカバソウ

直子
セカンドキング
キングジュニア
スターキングオブオリエンタルケンネル
シーザーオブオリエンタルケンネル
ダーリーオブムーンライト
ベルヤマノウチ
コニーオブ 双葉荘(牝)

生年月日は不明。（昭和 20 ～ 22 年頃）
1936 年に（昭和 11 年）に酒井氏が導入し名古屋地方で活躍した外産犬の種牡で、立毛で小型の名犬だったと言われている。

══ 基礎犬 ══

1950 年代

犬名	👑 INT.チャンピオン 白王 （牡）	1951.7.5 生

繁殖者：木村　艶一
所有者：矢代　喜代

父　犬：ハッポーキムラ
母　犬：チェリーキムラ

 白王セカンドオブアラカワ
エルダーペックオブカネコ
パールオブロジャーズ（牝）
ベルダオブセントポール（牝）

 1952.03 春季オールジャパンチャンピオン展
　　　　　　最高位名誉賞・厚生大臣賞
1952.11 立太子礼記念秋季総合本部展
　　　　　　最高位名誉賞・厚生大臣賞
1953.04 インターナショナルチャンピオン賞展
　　　　　　インターナショナルチャンピオン賞
　　　　　　総理大臣賞
1954.04 第3回国際畜犬総合展
　　　　　　スピッツ総合第一席・BOB賞

日本スピッツ絶頂期に活躍した種牡で、気品ある顔貌と温和な性格さらに良好な毛質を子孫に伝えた。その後この系統を【白王系】と別称するほど日本スピッツの基礎犬として多大な功績を残している。

＜基礎犬二世＞

セカンドキング二世

セカンドジュリアン

セカンドラッキー　シンコーソウ

| 犬名 | チニー　アラカワ　（牡） | 1952.2.13 生 |

繁殖者：清水　繁次郎
所有者：三沢　清春

父　犬：ケンニー
母　犬：ホワイトクィーンアラカワ

小型で四肢が良く乾燥度の高い立毛の名犬であった。残念ながら摘流を現代に伝えてはいないが、優れた諸形質を日本スピッツの血液中に残している。

直子
白富士／ルビアンカネコ
シルバーチニーオブミサワソウ
トップオブアラカワ
トミーオブアラカワ

賞
1952.04 近畿特別大展覧会 最高名誉賞
1955.03 埼玉第一支部展 参考犬
1955.04 国際畜犬総合チャンピオン展 参考犬

| 犬名 | ラッシー　オブ　ムサンランド　（牡） | 1952.2.26 生 |

繁殖者：沢辺　恒三
所有者：沢辺　恒三

父　犬：ユウオブアサクラ
母　犬：マリコハウスムサシランド

後に【ラッシー系】と呼ばれる始祖犬で、少々吠えるタイプで警戒心が強い反面、他犬との闘争性はなく骨量に恵まれた体躯で被毛の伸長度も十分であった。ワシントンケネルの代表犬として交配数が多く、当時の JKC 展覧会での上位入賞犬はこの系統の日本スピッツが一番多かった。

直子
パイオブムサンランド
ディンキィーオブムサンランド
ジョージオブギンザヨシノ
アンリーH大村

賞
詳しい資料が残っていませんでした。

1950 年代

| 犬名 | ラッキー　オブ　シンコーソウ　（牡） | 1953.7.5 生 |

繁殖者：
所有者：沢辺　賢次郎

父　犬：キング
母　犬：ダリア

関西で最高の評価を得た後、沢辺恒三のワシントンケンネルに入舎して活躍した種牡。

 セカンドラッキーオブシンコーソウ
ホワイトチニーボーイオブ東京ワシントン
ミミーオブ鵠沼荘（牝）

 詳しい資料が残っていませんでした。

| 犬名 | アルト　オブ　大内　（牡） | 1952.2.26 生 |

繁殖者：大内　武二
所有者：大内　武二

父　犬：チビオブ大内
母　犬：エミリーオブ東京ワシントン

大内系を確立した実質上の基礎犬でその後この血統を母系としてハイクラウン系が発生している。

 マーサオブオオウチ（牝）

 1957.4 NSC 本部展 BIS
1957.4 JKC 本部展 最優賞

| 犬名 | JKC.INT/
NKC.G. チャンピオン | キングライト　オブ　グリーンウッド | （牡） | 1954.2.27 生 |

繁殖者：大塚　保慶
所有者：星合　尚

父　犬：フロースカネユ
母　犬：マツコオブイヅミ

 ＜東京時代の直子＞
パックルボーンオブグリーンウッド
ピンコオブグリーンウッド（牝）
アゼリアオブマハヤーナ（牝）

＜北海道時代の直子＞
アーデルオブスノーホワイト
ケーニッヒオブアカシヤランド
キャサリンオブ小沢白百合犬舎（牝）

＜晩年・東京時代の直子＞
チャールズオブグローイングフィールド
フックオブゴールデンスター
フローラオブゴールデンスター（牝）
ホワイトクィーンオブ鵠沼荘（牝）
白雪オブ小山（牝）

1956.10　本部展 BIS
1957.10　本部展 BOB（2回）
1958.10　本部展 G.CH（2回）
1960.10　JKC 本部展
　　　　　最高位賞 本部推奨犬
1960.09　日本カナインクラブ展
　　　　　BOB
1960.11　秋季本部展 最優秀賞

【キングライト系】の始祖犬。豊毛の小型系血で無駄吠えのない温和な性格を後代に伝えている。大塚
保慶の元で NSC の展覧会で名をあげた後北海道の高薄敏男の犬舎に移って北海道の日本スピッツのレ
ベル向上に貢献した。さらに晩年は再び東京へ戻り星合尚の元で子孫を残した。

1960 年代

| 犬名 | ♛ JKC.チャンピオン　**ジュニアス　ハイクラウン**　（牡） | 1962.9.5 生 |

繁殖者：安井　初恵
所有者：安井　初恵

父　犬：ジュニアスグランピー
母　犬：マーサーオブオオウチ

 エメラルドオブミウラ
デュークオブロイヤルブリード

 日本カナインクラブ展
ベストオポジットセックス
JKC チャンピオン展　最高位

ハイクラウン系の始祖犬でラインブリードにより数多くの子孫を残した。小型で豊毛、性格は温和であったが毛色に純白度を欠く点があった為に台牝の選択に一考を要した。

スピッツの主要血統について

1940 年代～ 1950 年代頃には各地に数多くの血統（詳細は p.100 参照）が存在していたが、現在は各血統が融合しているので明確な区分はできない。従ってそれぞれの血統特徴を持つ個体を〔○○タイプ〕と称する。

＜例＞
白王タイプ（日本犬タイプで構成・色素は良好だが
毛量はやや少ない）

母・・・母犬・・・。

母犬は犬種の犬質を高める上で最も重視すべき存在である。
何故ならば、その個体、資質を持っている血統内容が直子達の将来性に
多く影響を与えるからである。

━━ 牝犬紹介 ━━

1950 年代

| 犬名 | チェリー （牝） | 生年月日不明 |

繁殖者：不明
所有者：不明

父　犬：マック
母　犬：ルビー

交＞ハッポーキムラ
　　富士
　　白王
　　コニーオブアラカワ

ハッポーキムラとの好交配で多くの名犬を残したが北海道から東京に移入されて2胎を残した後衰弱したため一般家庭に引き取られた。チェリーの祖父犬のタロウは森貢治郎がハルピンから連れ帰ったスピッツの系統。

| 犬名 | 👑 JKC.INT. チャンピオン　ベルダ　オブ　セントボール （牝） | 1955.6.27 生 |

繁殖者：野沢　明
所有者：秋山　金録

父　犬：白王（矢代）
母　犬：リリー（六和荘）

交＞ゴンオブカモガワ
　　アーサーオブゴールデンスター
交＞ジュリアンオブジャパンケンネル
　　エドワードボイヤーオブゴールデンスター
　　クララオブゴールデンスター（牝）
交＞キングライトオブグリーンウッド
　　フローラオブゴールデンスター（牝）

日本スピッツ大流行絶頂期に生まれ、東京のゴールデンスター犬舎の台牝として活躍して濃い色素と気品ある容貌を子孫に伝えており、記録では7胎23頭の直子を残している。

🎀 1956.03 第4回国際畜犬展　優1席
1956.10 JKC 秋季本部展　最優賞
スピッツ牝犬最初のチャンピオン。

68

| 犬名 | アイダー　オブ　スノーカントリー　（牝） | 1959.9.24 生 |

繁殖者：不明
所有者：不明

父　犬：ジャックオブアカシヤランド
母　犬：チェリーオブオーチョーエン

 アミーオブスターライト（牝）
　　交＞アルターオブツルミキシダ
　　　チソットオブツルミキシダ
　　　CH キープチャームオブツルミキシダ

北海道から関東へ導入された数少ない牝犬。小型で動作が非常に機敏な上、バランス良い構成の近代的タイプだった。

 詳しい資料が残っていませんでした。

| 犬名 | クラリス　オブ　スノーライト　（牝） | 1960.2.24 生 |

残念ながら写真が
残っていませんでした。

繁殖者：高橋　寛
所有者：三浦きえ子

父　犬：パイオブムサシランド
母　犬：グリディオブフジシゲソウ

交＞ジュニアスハイクラウン
　　　CH エメラルドオブミウラー
　　　CH ジュニアスビオナ（牝）
　　交＞アレキサンダーハラセガルデン
　　　ディズフジオブミウラ

交配相手となる牡の特徴を直子によく伝える"子出しの良い"牝犬だった。

 詳しい資料が残っていませんでした。

| 犬名 | 👑 NSA. チャンピオン　ベアトリス　オブ　セイカイソウ　（牝） | 1961.6.18 生 |

繁殖者：前場　正通
所有者：水原　美沙緒

父　犬：ボンチャオブシルバースノー
母　犬：ビギンオブホイッスリングパイン

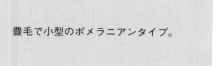

豊毛で小型のポメラニアンタイプ。

交＞ジュニアスハイクラウン
　　デュークオブロイヤルブリード
交＞ CH エメラルドオブミウラ
　　CH ブライトジョニーオブロイヤルブリード

1963.04 第 7 回本部展 BOS
1964.03 第 3 回神奈川県支部展 BOS

| 犬名 | アリサ　オブ　ニュードリーム　（牝） | 1961.12.26 生 |

繁殖者：紀　気作
所有者：紀　気作

父犬：ロンオブアンザイ
母犬：フローラオブゴールデンスター

日本スピッツに必要な豊毛性と気品を直子に伝えた。

交＞アルターオブツルミキシダ
　　ディズニーオブニュードリーム
　　ベティオブニュードリーム（牝）

1963.11 本部展 BG
1964.04 本部展 BG

| 犬名 | 👑 NSA.チャンピオン **キープチャーム　オブ　ツルミランド** （牝）　1965.7.11 生 |

繁殖者：岸田　誠司
所有者：橋本　純一

父　犬：アルターオブツルキシダ
母　犬：アミーオブスターライト

父犬からバネの強さを母犬から構成の良さ、乾燥度の良さ、物おじしない強い性格を受け継ぎ、日本スピッツの理想体型を子孫に伝えた功労犬。

直子　交＞CHブライトジョニーオブロイヤルブリード
　　　　CHキトニッシュレディオブマリナースター（牝）
　　　　交＞ベビーモンブランオブフジミランド
　　　　CHメリーオブマリナースター（牝）

賞　1966.04 第 10 回本部展 BOS
　　1966.11 第 11 回本部展 BOS

| 犬名 | 👑 NSA.チャンピオン **キトニッシュレディ　オブ　マリナースター** （牝）　1969.11.1 生 |

繁殖者：橋本　純一
所有者：小川　四郎

父　犬：CH ブライトジョニーオブロイヤルブリード
母　犬：CH キープチャームオブツルミランド

出産頭数が多く、直子達が多方面で活躍した。

直子　交＞ベビーモンブランオブフジミランド
　　　　G.CHQA. バロンオブ玉名有明荘
　　　　CHQA. ルーシーオブ玉名有明荘（牝）
　　　　CHQA. ナンシーオブ玉名有明荘（牝）

賞　1971.04 第 23 回本部展 BOS
　　1972.04 第 25 回本部展 BG

1970 年代

| 犬名 | 👑 NSA. チャンピオン　Q．Aルーシー　オブ　玉名有明荘　（牝） | 1971.6.29 生 |

繁殖者：小川　四郎
所有者：伊藤　義子

父　犬：ベビーモンブランオブフジミランド
母　犬：キトニッシュレディオブマリナースター

交＞ CH フロイドエクセルオブ東京夏秋荘
　　G.CH エベリットオブマロニエランド
交＞ CH ボニーオブメイソンヤスダ
　　CH ゲレーヌオブマロニエランド（牝）
交＞ CH キャサリンオブ白川野口
　　CH フレックスマロニーオブマロニエランド（牝）

大変温和な性格で癖のない遺伝力を持っていた。

🏅 1973.11 第 28 回本部展 BG
　 1974.04 第 29 回本部展 BG

| 犬名 | 👑 NSA.G. チャンピオン　スプレンダー　オブ　ビューティフルセキ　（牝） | 1975.3.15 生 |

繁殖者：関　富美
所有者：関　富美

父　犬：G.CH エリベットオブマロニエラント
母　犬：マッキーオブ大宮鈴木

交＞ G.CH ランドルフオブ相模窪田
　　G.CH スプランミオブビューティフルセキ（牝）
　　CH スプランナオブビューティフルセキ（牝）
交＞ CH アサオミオブショーナンフジ
　　G.CH フォスタークィーンオブビューティフルセキ（牝）
交＞ CH ギャラクシーオブナデシコランド
　　CH マドカオブビューティフルセキ（牝）
　　CH マージョリーオブビューティフルセキ（牝）

構成、耳寄り、首挙げよく飾り毛の美しい名牝
で当時は想像を絶する理想の日本スピッツの出
現に驚嘆したと伝えられている。又その長所は
娘達によって次の世代に受け継がれ近代の日本
スピッツの確立に貢献した。

🏅 1976.04 第 9 回静岡支部展 BIS
　 1976.11 第 34 回本部展 BIS/BSZ
　 1977.04 第 35 回本部展 BSZ

| 犬名 | 👑 NSA. チャンピオン　コンフィデンス　オブ　ネドリー　（牝） | 1975.9.4 生 |

繁殖者：戸部　良子
所有者：窪田　とみ子

父　犬：CH アサオミオブショーナンフジ
母　犬：アグネスファンオブネドリー

交＞ CH ギャラクシーオブナデシコランド
　　相模窪田タカノ（牝）
　　相模窪田タマキ（牝）
交＞相模窪田カツラ
　　G.CH 相模窪田白竜

父犬 CH アサオミオブショーナンフジの血統を
CH ギャラクシーオブナデシコランドと相模窪田
カツラとの交配で次世代に繋げた功労犬。

🎖 1979.04 第 39 回本部展 BIS
　 1979.11 第 40 回本部展 BSZR
　 1980.11 第 42 回本部展 BSZR

| 犬名 | 👑 NSA.G. チャンピオン　ラッキーエンジェル　オブ　海彦荘　（牝） | 1978.10.31 生 |

繁殖者：中根　宏有
所有者：中根　宏有

父　犬：CH キングエクセルオブ海彦荘
母　犬：ファイアーベネットオブネンドリー

交＞マルス　オブ　湘南東海荘
　　プロフェッサーオブ海彦荘
　　CH プランタンオブ海彦荘（牝）
交＞ CH アイドルフラッシュオブネドリー
　　CH ナターリアオブ海彦荘（牝）

父犬の CH キングエクセルオブ海彦荘と並んで
海彦荘の代表犬。

1979.11 第 40 回本部展 BG
1980.03 第 41 回本部展 BG

| 犬名 | 👑 NSA. チャンピオン　**マージョリー　オブ　ビューティフルセキ**　（牝）　1983.2.14 生 |

繁殖者：関　富美
所有者：関谷　みつ子

父　犬：CH ギャラクシーオブナデシコランド
母　犬：G.CH スプレンダーオブビューティフルセキ

NSA.G.CH 相模窪田白竜との好交配で直子の
NSA.G.CH アサフジオブナデシコランドと CH
アズサオブナデシコランドから 2000 年代に続
く血統を残している。

 交＞ G.CH 相模窪田白竜
　　　　G.CH アサフジオブナデシコランド
　　　　アズサオブナデシコランド（牝）

 1983.11 第 48 回本部展 BG
1985.11 第 52 回本部展 BG

| 犬名 | 👑 NSA.G. チャンピオン　**マーガレットブルー　オブ　スピリッツ青木**　（牝）　1993.4.26 生 |

繁殖者：青木　正通
所有者：室星　正人

父　犬：G.CH 竹千代オブ横浜高田
母　犬：足利サツキ荘アデラ

牝犬としては短胴で充実した体躯と被毛が調和
している。

 交＞ CH 小町荘ミュッセ
　　　　G.CH クィーンエミリーオブスタームロホシ
　　　　CH クインシーオブスタームロホシ

 1994.11 第 73 回本部展 BOS
1996.04 第 78 回本部展 BSZR
1997.10 第 81 回本部展 BIS・BSZR

牡犬紹介

| 犬名 | スノー　オブ　グリーンヒル　（牡） | 1947.10.27 生 |

繁殖者：森　貞二郎
所有者：森田　正雄

父　犬：タロウコモリ
母　犬：メリーコモリ

名古屋から森田正雄の犬舎に入って活躍した種牡。

直子
クロコーラクヤマダソウ
ジョニーオブラッキーランド
ピンコオブグリーンヒル（牝）

賞
詳しい資料が残っていませんでした。

| 犬名 | 富士　（牡） | 1950.9.25 生 |

繁殖者：清水
所有者：高薄　敏男

父　犬：ハッポーキムラ
母　犬：チェリーキムラ

名古屋から東京のワシントン犬舎に移って活躍した後、北海道の高薄敏男の元へ行き北海道にスピッツブームを巻き起こした種牡。

直子
リリーオブ東京ワシントン
マルオブ東京ワシントン
アルトサッポロヒトミ

賞
＊＊＊＊ NKC 第１回全国スピッツ展　参考犬

1950 年代

犬名 キング オブ キンセン （牡）　　　1951.6.28 生

繁殖者：中野　静治
所有者：中野　静治

父　犬：ロックオブイシイ
母　犬：リリーオブエンドウ

プリンスオブキンセン
パールオブキンセン
ジャックオブミンデルマン
クィーンオブキンセン（牝）

1954.04 オールジャパンチャンピオン展
　　　　　　　R. チャンピオン賞
1954.06 コリー・スピッツ単独展
　　　　　　　参議院議長賞
1954.10 全日本最優秀賞決定展
　　　　　　　準優勝　農林大臣賞
1955.04 国際畜犬総合チャンピオン賞参考犬

良質の被毛と優雅な気品を持つ直子を残した。

犬名 👑 JKC.INT. チャンピオン　シルバーチニー オブ ミサワソウ （牡）　1956.5.25 生

繁殖者：三沢　清春
所有者：西沢　久治

父　犬：チニーオブアラカワ
母　犬：クィーンオブキンセン

シルバースターオブサザナミソウ（牝）
ニーナオブサザナミソウ（牝）

JKC 本部展で INT.CH 連続 8 回 BOB 3 回
農林省繁殖奨励賞 2 回
内閣総理大臣賞 最高名誉賞（一席）
本部推奨犬章等受賞グランドチャンピオン

チニー系とキンセン系の美点を集約した感のある優秀犬で特にフリルは理想的で見事だった。

| 犬名 | 👑 JKC.INT. チャンピオン　ジュリアン　オブ　ジャパンケンネル　（牡） | 1957.1.13 生 |

繁殖者：坂本　保
所有者：一竜斎　貞鳳

父　犬：キングオブジャパンケンネル
母　犬：フローラ

白王系に豊毛性と色素の良さを加えた功労犬で独自の系統始祖犬ではないが日本スピッツの改良史上忘れてはならない重要な祖犬と言われている。ベルダオブセントポール（牝）との好交配による直子達は父犬ジュリアンから豊毛性を母犬ベルダから気品と色素の強さを後代に伝えている。

エドワードボイヤーオブゴールデンスター
エリナオブゴールデンスター（牝）
セカンドジュリアンオブゴールデンスター
グロリアオブゴールデンスター（牝）

1958.01 日本最高名犬コンクール大会
　　　　最高名犬賞
　　　　INT チャンピオン

| 犬名 | アレキサンダー　ハラセガルデン　（牡） | 1950.9.25 生 |

繁殖者：原勢　勝雄
所有者：星合　尚

父　犬：ヘンリーオブエイキンソウ
母　犬：ユキオブサファイヤーケンネル

CH ホワイトオブ鵠沼荘（牝）

1959.12 JKC 秋季本部展 BOB
　　　　INT. チャンピオン
　　　　農林省繁殖奨励賞
1960.11 JKC 前橋支部 BOB
　　　　内閣総理大臣賞
1961.04 春季本部展 最優賞

アレキサンダー系の祖犬でハイクラウン系と同様計画繁殖の段階で出現し独特な毛質と豊毛性で新しい血統の始祖となった。

1950 年代

犬名	👑 JKC.INT/NSA.チャンピオン	ロン　オブ　アンザイ　（牡）	1958.7.6 生

繁殖者：安西　寿男
所有者：難波　重幸

父　犬：プリンスオブキンセン
母　犬：リリーオブナカサト

 アリサオブニュードリーム（牝）
Aヴィーナスオブゴールデンスター（牝）

 1959.05 JKC 東京都下支部連合展 最優賞
1959.12 JKC 秋季本部展
　　　　　最高位賞 INT チャンピオン
1960.03 春季本部展最優賞 東京都知事賞
1961.04 春季本部展 BOB 東京都知事賞
　　　　　日本チャンピオン

キングオブキンセン系を後代に伝えた功労犬。

犬名	👑 JKC.INT/NSA.チャンピオン	エドワードボイヤー オブ ゴールデンスター　（牡）	1959.9.2 生

繁殖者：秋山　金録
所有者：吉田　秀士

父　犬：ジュリアンオブジャパンケンネル
母　犬：ベルダオブセントポール

 アイクオブ鶴見岸田
キャッシュオブリンダーホーフ
バロネスオブリンダーホーフ（牝）

 1960.05 JKC 春季本部展 最高位賞
　　　　　幼犬にして INT. チャンピオン
1960.11 NSA 秋季本部展最優賞
1961.04 春季本部展 最高位賞 BOB
1961.05 JKC 春季本部展最高 1 位第一席
　　　　　本部大杯 INT.G. チャンピオン
1961.11 秋季本部展 BIS 農林大臣賞

ジュリアンの直子の中で父犬の形質を強く受け
継ぎ独特の血統を残しフジミランド犬舎によるラ
インブリードの中軸種牡として貢献した。

| 犬名 | 👑JKC.INT.チャンピオン　**アルター　オブ　ツルミキシダ**　（牡） | 1960.6.23 生 |

繁殖者：岸田　誠司
所有者：岸田　誠司

父　犬：プロサエグサ
母　犬：タークオブツルミキシダ

ラッシー系のプロエグサの直子として同胎のア
リスンナと共にラッシー系を後代に伝えた功労
牡犬。ラッシー系の特徴であるバネの強い四肢、
見事なエプロン、豊かな骨量と気品ある容貌"特
に目の形が美しい。1960年代を代表する種牡
であった。

ポップオブ雲仙荘
ディズニーオブニュードリーム
CHベティオブニュードリーム（牝）
CHキープチャームオブツルミランド（牝）

1962.05 JKC 本部展　最高位
1962.11 第1回神奈川県支部創立展　BIS

| 犬名 | 👑NSA.チャンピオン　**ホワイトプリンス　オブ　ライラックケンネル**　（牡） | 1962.3.6 生 |

繁殖者：森　房昌
所有者：森　房昌

父　犬：ホワイトスターオブグリーンウッド
母　犬：ベスターオブライラックケンネル

キングライトオブグリーンウッドをベースとしたラ
インブリードで生まれ、無駄吠えがなく温和な
性格でキングライト系の血統を後代に伝え更に
は日本スピッツの性格改良に貢献した。

CHカーチスオブツルミランド
ダンディオブライラックケンネル
エクセルクィーンオブライラックスプリング

1964.04　日本スピッツ協会本部展　BG

1960 年代

| 犬名 | 👑 NSA. チャンピオン　**ディズフジ　オブ　ミウラ**　（牡） | 1963.7.27 生 |

繁殖者：三浦　きえ子
所有者：長沢　美佐子

父　犬：アレキサンダーオブハラセガルデン
母　犬：クラリスオブスノーライト

気品に満ちた容貌と温和な性格。生後9ヶ月で
BIS を獲得して活躍したがわずか2歳にもならな
い内に早逝したので直子の数は少ない。

直子　エンゼルピートオブフジミランド
エンゼルピナオブフジミランド（牝）

賞　1964.04 第9回本部展 BIS
1964.11 第10回本部展 BIS

| 犬名 | 👑 NSA. チャンピオン　**カーチス　オブ　ツルミランド**　（牡） | 1963.12.23 生 |

繁殖者：岸田　誠司
所有者：高橋　秀年

父　犬：CH ホワイトプリンスオブライラックケンネル
母　犬：アリスオブツルミキシダ

ラッシー系とキングライト系による計画繁殖で
生み出されタイプとしては豊毛小型で温和な性
格だった。

直子　CH アサオミブショーナンフジ
マージョリーオブサガミホープ（牝）
アンジェラオブサンパスチャー（牝）
アグネスオブサンパスチャー（牝）

賞　1966.04 第5回神奈川県支部展 BIS
1967.11 第16回本部展 BIS

| 犬名 | 👑 NSA. チャンピオン **エメラルド オブ ミウラ** （牡） | 1964.9.4 生 |

繁殖者：三浦　きえ子
所有者：柴 稠

父　犬：ジュニアスハイクラウン
母　犬：クラリスオブスノーライト

ブライドジョニーオブロイヤルブリード
CH ジュニアスベリル
ジュニアスビオナ（牝）
グリーンパークコヤマズアメジスト

ハイクラウンの直子の中で最も活躍し、ハイクラウン系を後代に伝えた。

 1966.04 第 8 回本部展 BOS

| 犬名 | 👑 NSA. チャンピオン **アサオミ オブ ショーナンフジ** （牡） | 1966.12.11 生 |

繁殖者：渡辺　ハルイ
所有者：窪田　とみ子

父　犬：カーチスオブフジミランド
母　犬：ベティオブニュードリーム

ポールオブ相模窪田
クワンタスオブ相模窪田
G.CH ランドルフオブ相模窪田
CH コンフィデンスオブネドリー（牝）
アーサーオブ玉名有明荘
エルビスオブナデシコランド（牝）

ラッシー系とキングライト系の計画繁殖で作出されたが、タイプとしてはラッシー系で少々柔らかめな被毛ながら純白度のある豊毛で気品に満ちた容貌は顔の改良に貢献した。大変警戒心が強く神経質な反面無駄吠えは少なかった。

 1972.04 第 25 回本部展 BSZ

| 犬名 | ベビーモンブラン　オブ　フジミランド　（牡） | 1960年代
1968.6.11 生 |

繁殖者：長沢　芙佐子
所有者：長沢　芙佐子

父　犬：キャンディーオブボイヤー
母　犬：エンジェルベビーオブフジミランド

直子　CH エクセルイーグレットオブ
ライラックスプリング
ミカエルオブマリナースター
G.CHQA バロンオブ玉名有明荘
CHQA ルーシーオブ玉名有明荘(牝)
CH ギャラントポールオブネドリー
アグネスファンオブネドリー(牝)

賞　詳しい資料が残っていませんでした。

エドワードボイヤーを中心にしたラインブリード
によって作出され、サイズは小型で性格は温和、
容貌には気品があった。日本スピッツ減少期で
少ない系統内での繁殖を余儀なくされていたこ
の時期この犬の出現で範囲が広がり「繁殖の救
世主」となった。

犬名 👑 NSA. チャンピオン **フロイドエクセル　オブ　東京夏秋荘** （牡）　**1972.12.5 生**

繁殖者：夏秋　あき子
所有者：田村　正一

父　犬：ブルースアンソニーオブフジミランド
母　犬：エクセルクィーンオブライラックスプリング

キングライト系のラインブリードによって生み出され多くの子孫を残し、その子孫たちが各地で活躍した。

CH ハードレーオブ花月ランド
G.CH エベリットオブマロニエランド
CH キングエクセルオブ海彦荘
グロリアオブ千本松原荘（牝）

1972.11 第 26 回本部展 BIS
1973.04 第 27 回本部展 BG

犬名 👑 NSA.G. チャンピオン **エベリット　オブ　マロニエランド** （牡）　**1973.2.28 生**

繁殖者：伊藤　義子
所有者：遠藤　松次良

父　犬：CH フロイドエクセルオブ東京夏秋荘
母　犬：CHQ.A ルーシーオブ玉名有明荘

キングライトタイプの典型と評され小型で豊毛、性格は温和。

G.CH セリッシュオブビューティフルセキ
G.CH スプレンダーオブビューティフルセキ（牝）

1976.05 第 33 回本部展 BSZ
1976.11 第 34 回本部展 BSZ
1978.04 第 37 回本部展 BSZ

1970 年代

| 犬名 | 👑 NSA. チャンピオン **キングエクセル　オブ　海彦荘**　(牡) | 1976.1.28 生 |

繁殖者：中根　宏有
所有者：中根　宏有

父　犬：CH フロイドエクセルオブ東京夏秋荘
母　犬：ジューンブライドオブ海彦荘

兵庫県で関西地方の代表的な種牡として活躍した。

直子　アトムオブサンモーリッツ
CH ラッキーエンゼルオブ海彦荘（牝）

賞　1977.10 第 36 回本部展 BG
1978.04 第 37 回本部展 BG
1978.10 第 1 回兵庫支部展 BOS

| 犬名 | 👑 NSA. チャンピオン **マルス　オブ　湘南東海荘**　(牡) | 1979.2.15 生 |

繁殖者：亀井　よね子
所有者：清水　英夫

父　犬：フロンティアオブバイオレットホーム
母　犬：エルビスオブナデシコランド

神奈川県から分譲され、1980 年代の関西地方の血統の幅を広げる種牡として大いに活躍した。

直子　R.M. グロウンフィールズアポロ
R.M. グロウンフィールズアリス（牝）

賞　1980.04 兵庫県支部第 3 回展 BG

| 犬名 | ♛ NSA. チャンピオン **ギャラクシー　オブ　ナデシコランド** （牡） | 1979.5.1 生 |

繁殖者：関谷　みつ子
所有者：伊倉　三郎

父　犬：フロンティアオブバイオレットホーム
母　犬：エミリーオブナデシコランド

 CH アクターオブ白椿荘
CH ハイブレッドオブレッドスタリオン
CH ケニーオブホワイト児玉荘
CH マドカオブビューティフルセキ（牝）
CH マージョリーオブビューティフルセキ（牝）
CH テンダリーオブ千本松原荘（牝）
CH 相模窪田タカノ（牝）
CH チャームレディオブオンワードシナノ（牝）

体躯と被毛とのバランスが良く品格のある甘い
マスクで性格は温和、遺伝力も安定していた。
上記掲載の写真は撮影者岸田誠司の最高傑作
と評され"日本スピッツの見本"の写真として海
外にも紹介された。

 1981.04 第 43 回本部展 BG
1982.11 第 46 回本部展 BOS

犬名
👑 NSA. チャンピオン
アベル　オブ　ハウス田北 (牡)
1980.3.19 生

繁殖者：田北　文代
所有者：高島　美次

父　犬：ダンディオブウスイランド
母　犬：ガラシャオブネドリー

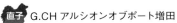 G.CH アルシオンオブポート増田

 1981.11 第 44 回本部展 BIS
1982.03 第 45 回本部展 BIS

犬名
👑 NSA. チャンピオン
アクトン　オブ　ハウス田北 (牡)
1980.3.19 生

繁殖者：田北　文代
所有者：野堀　栄

父　犬：ダンディオブウスイランド
母　犬：ガラシャオブネドリー

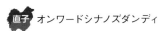 オンワードシナノズダンディ

 1981.04 第 43 回本部展 BIS
1982.11 第 46 回本部展 BSZ
1983.03 第 48 回本部展 BSZ

1981 年の話題の中心となったのは、この 2 頭の同胎牡犬の活躍だった。この 2 頭は当時茨木県で田北文代、高島忠志を中心とする熱心なグループが多方面から種牡台牝を導入して繁殖した結果誕生した。

| 犬名 | オンワード　シナノズ　ダンディ　（牡） | 1982.1.15 生 |

繁殖者：袖山　隆男
所有者：原　千秋

父　犬：G.CH アクトンオブハウス田北
母　犬：CH アンジェリカオブアムバサダー

 ロイヤルボーイオブ海彦荘
G.CH アンドレオブハウスコーヨー
CH エイミーオブハウスコーヨー（牝）

埼玉県から大阪に分譲され関西地方の多くの血
統の牝犬と交配して優秀な直子を残した。

 1984.10 第 6 回兵庫県支部展 BIS
1985.05 第 7 回兵庫県支部展 BIS
1987.10 第 56 回本部展 BSZ

| 犬名 | 👑 NSA.G. チャンピオン　アルシオン　オブ　ポートマスダ　（牡） | 1982.8.24 生 |

繁殖者：増田　勝正
所有者：高橋　邦之

父　犬：CH アベルオブハウス田北
母　犬：ベアリーオブ千本松原荘

 INT.CH タケマルオブ横浜高田イタリア
INT.CH タケオーオブ横浜高田デンマーク
G.CH 竹千代オブ横浜高田
CH 相模窪田カナメ

正確な体躯構成と明瞭な首挙げで静止姿は迫
力に満ち、牡犬らしい気迫もある。

 1983.05 第 5 回東京都準支部展 BIS
1984.04 第 46 回本部展 BSZ
1984.11 第 50 回本部展 BSZ

1980 年代

| 犬名 | 👑 NSA.G. チャンピオン **トゥインクルジュピター　オブ　ライラックスプリング**　（牡） | 1984.6.30 生 |

繁殖者：鈴木　美恵子
所有者：児玉　妙子

父　犬：ダーリンオブウスイランド
母　犬：ビューティフルファミリーオブ
　　　　　　　　　　　ライラックスプリング

 CH チヨミツオブ AW 横浜
CH ミサオオブホワイト児玉荘（牝）
CH ブルーライトオブビューティフルセキ
ブルックスオブビューティフルセキ

"白玉タイプ"と言われた日本犬タイプで常に安定した完成度と牡らしい気迫が魅力。

 1987.11 第 57 回本部展 BG
1988.11 第 60 回本部展 BIS
1989.04 第 61 回本部展 BSZR

| 犬名 | 👑 NSA.G. チャンピオン **竹千代　オブ　横浜高田**　（牡） | 1984.11.12 生 |

繁殖者：高田　キヌ子
所有者：田村　次郎

父　犬：G.CH アルシオンオブポートマスダ
母　犬：CH アサギクオブミスチーフクィーン

 プリンスブルーオブスピリッツ青木
G.CH マーガレットブルーオブスピリッツ青木（牝）
サオリオブナデシコランド（牝）

骨量に恵まれた体躯は短胴箱型で日本スピッツの「理想体型」と評されている。

 1986.05 第 53 回本部展 BSZ
1986.11 第 54 回本部展 BSZ
1987.11 第 57 回本部展 BSZ

| 犬名 | 👑 NSA.G. チャンピオン　相模窪田　白竜　（牡） | 1985.8.28 生 |

繁殖者：窪田　とみ子
所有者：窪田　とみ子

父　犬：相模窪田桂
母　犬：CH コンフィデンスオブネドリー

直子
G.CH アサフジオブナデシコランド
CH アズサオブナデシコランド（牝）
G.CH 相模窪田奈津貴（牝）
CH バーミィオブAWヨコハマ（牝）
相模窪田タマクニ.タマヒデ.タマフミ（牝）
CH ミハルオブ高座ランド（牝）

筋肉の発達した強靭な四肢、色素の良い目鼻、
気品と気迫を兼ね備えた顔貌などその長所を子
孫達に残した。

賞
1987.04 第 55 回本部展 BIS
1988.04 第 58 回本部展 BSZ
1988.11 第 60 回本部展 BSZ

| 犬名 | 👑 NSA.G. チャンピオン　アサフジ　オブ　ナデシコランド　（牡） | 1988.6.6 生 |

繁殖者：関谷　みつ子
所有者：岡田　美和子

父　犬：G.CH 相模窪田白竜
母　犬：CH マージョリーオブビューティフルセキ

直子
G.CH 慎也オブ白亜館
慎吾オブ白亜館
G.CH オンワードシナノズ小太郎
G.CH オンワードシナノズ菊之助
CH オンワードシナノズレディ（牝）

乾燥度高く体長体高比は理想とされる箱型の体
躯構成と豊かな被毛が調和し気品ある顔貌の清
潔感溢れる牡犬である。

賞
1991.04 第 66 回本部展 BSZ.R
1991.11 第 67 回本部展 BSZ
1992.04 第 68 回本部展 BIS/BSZ

1980 年代

| 犬名 | 👑 NSA.G. チャンピオン　バート　オブ　ミョーケン　（牡） | 1989.10.15 生 |

繁殖者：吉田　芳雄
所有者：川野　佳代

父　犬：グロウンフィールズアポロ
母　犬：トゥインクルコメットオブ
　　　　　　　　　　　ライラックスプリング

均整の良い体躯構成、毛量も十分で軽快な歩様と見事なショーマナーを発揮。関西の主要系血が融合した血統の牡犬である。

直子　G.CH ラルクオブスィードラブ
G.CH アティスオブスィードラブ（牝）
アカネオブモジズリソウ（牝）
アスカオブモジズリソウ（牝）

賞　1992.11 第 69 回本部展 BIS・BSZ
1993.04 第 70 回本部展 BSZ
1993.10 第 71 回本部展 BSZ

1990 年代

| 犬名 | 👑 NSA.G. チャンピオン　慎也　オブ　白亜館　（牡） | 1990.3.7 生 |

繁殖者：岡田　美和子
所有者：石原　捷子

父　犬：G.CH アサフジオブナデシコランド
母　犬：アマンドオブハウスナカノ

構成は前躯、中躯、後躯部全て申し分なく毛色は抜群の純白度を保ち、一般外観は牡ではあるが優美。直子に牡犬はいないが 2 頭の牝犬から2010 年以降までその形質がつながっている。

直子　CH マユリオブシャラガーデン（牝）
マイカオブシャラガーデン（牝）
モミジオブエマーユ（牝）
アグリオブウィングアイランド（牝）
アリエスオブウィングアイランド（牝）

賞　1995.04 第 75 回本部展 BSZR
1996.03 第 77 回本部展 BIS.BSZ
1996.04 第 78 回本部展 BSZ

| 犬名 | 👑 NSA.チャンピオン 千代光 オブ A.W. 横浜 （牡） | 1990.12.3 生 |

繁殖者：脇本　握美
所有者：脇本　久一

父　犬：G.CH トゥインクルジュピターオブ
　　　　　　　　　　　　ライラックスプリンク
母　犬：CH バーミィオブ A.W. 横浜

細格で清潔感が漂い、首立の良い立ち姿は都会
的。直子の牡犬が関西に分譲されたことによっ
て関西にもその形質が残っている。

 CH ナルミオブナデシコランド
ナミエオブナデシコランド（牝）

 1994.11 第 74 回本部展 BSZ
1995.10 第 76 回本部展 BSZR
1996.03 第 77 回本部展 BSZR

| 犬名 | 👑 NSA.チャンピオン 小町荘 ミュッセ （牡） | 1991.11.8 生 |

繁殖者：鈴木　正子
所有者：柴　稠

父　犬：相模窪田ナツメ
母　犬：クリシュナオブスペースランド

引き締まった体躯と毛量が調和し細めだがバネ
のある四肢で歩様は軽快。

 G.CH カルティオブスタームロホシ
G.CH クイーンエミリーオブスタームロホシ（牝）
CH クロチルドオブスタームロホシ（牝）
G.CH フランソワオブリズムレッド（牝）
CH フローレンスオブリズムレッド（牝）

 1993.11 第 71 回本部展 BIS
1994.04 第 72 回本部展 BIS
1994.11 第 73 回本部展 BSZ

1990 年代

| 犬名 | 👑 NSA.G. チャンピオン　**オンワードシナノズ　小太郎**　（牡） | 1993.8.3 生 |

繁殖者：袖山　隆男
所有者：青木　正通

父　犬：G.CH アサフジオブナデシコランド
母　犬：CH アズミオブ田井中荘

体躯は骨量のある箱型で正確な頭部の保持は力強く静止姿、歩様姿は堂々としている。

G.CH キチホウシオブスピリッツ青木
CH アリンダオブスタームロホシ（牝）

1994.11 第 73 回本部展 BIS
1994.11 第 74 回本部展 BIS
1995.11 第 76 回本部展 BSZ

| 犬名 | 👑 NSA. チャンピオン　**ナルミ　オブ　ナデシコランド**　（牡） | 1998.8.12 生 |

繁殖者：関谷　みつ子
所有者：桑山　順二

父　犬：CH チヨミツオブ A.W. 横浜
母　犬：CH サオリオブホワイト児玉荘

乾燥度のある体躯と純白で伸長性、毛量共に十分な被毛とのバランスが良好で目張りの良さが気品と洗練度を際立たせている。

G.CH チャールズオブグレイスハイド
クランティスオブグレイスハイド
レンティスオブグレイスハイド
CH 白亜館スバル
白亜館セナ
CH 白亜館サラ（牝）

2003.04 第 92 回本部展 BIS
2004.04 第 94 回本部展 BIS

| 犬名 | 👑 NSA.G. チャンピオン **チャールズ オブ グレイスハイド** （牡） | 2002.6.20 生 |

繁殖者：川野　佳代
所有者：冨田　周藏

父　犬：CH ナルミオブナデシコランド
母　犬：G.CH アティスオブスイードラブ

G.CH ルンアスランオブティクレ
G.CH ルツオブティクレ
G.CH ルピオブティクレ（牝）
リボンオブロイヤルクラン（牝）

やや華奢な体躯と優れた色調の密生度、伸長
度に恵まれた豊かな被毛とが調和し「華」のある
牡犬である。

2006.04 第 98 回本部展 BIS
2008.04 第 102 回本部展 BSZ
2009.04 第 104 回本部展 BSZ

| 犬名 | 👑 NSA.G. チャンピオン **ディオル オブ ティホワイトフェアリー** （牡） | 2005.3.4 生 |

繁殖者：田中　博
所有者：木田　理恵

父　犬：足利サツキ荘リコノス
母　犬：アールエリオブホワイトフェアリー

G.CH エヌフウガオブコットンキャンディスター
G.CH スノウワンチェリーズベルソ
G.CH ジュエルオブディエルトーキョー（牝）

恵まれた骨量の体躯と被毛のバランスは良好で、
落ち着いて堂々とした牡犬の魅力を持っている。

2007.04　第 100 回本部展 BIS
2008.10　第 103 回本部展 BSZ
2009.04　第 104 回本部展 BSZR

════ 海外に渡って活躍したスピッツ ════

| 犬名 | 👑 INT. チャンピオン　タケマル　オブ　横浜高田　（牡） | 1984.11.12 生 |

繁殖者：高田　キヌ子
所有者：MARCO・G・PIASENTIN
　　　　（イタリア）

モナコ .CH
フランス .CH
イタリア .CH
インターナショナル .CH

| 犬名 | 👑 INT. チャンピオン　タケオー　オブ　横浜高田　（牡） | 1984.11.12 生 |

繁殖者：高田　キヌ子
所有者：ROSE-MARIE・CARSEN
　　　　（デンマーク）

デンマーク .CH
ポーランド .CH
チェコスロバキア .CH
西ドイツ .CH
中央ヨーロッパ .CH
インターナショナル .CH

━━━ 日本スピッツ メディア登場 ━━━

1976 年 1 月 7 日 （昭和 51 年）	「アフタヌーンショー」 牡牝 2 頭のスピッツ登場
1979 年 12 月 8 日 （昭和 54 年）	NHK クイズ番組「ホントにホント」 牡牝 2 頭のスピッツ登場
1996 年 7 月 5 日 （平成 8 年）	CBCTV「名古屋発！新そこが知りたい。 夢の宝探し！懐かしモノ大集合パート 2」 愛知県在住のスピッツ数頭登場
2000 年 2 月 （平成 12 年）	TBS ラジオ「デイキャッチ」 スピッツ特集
2001 年 10 月 （平成 13 年）	TBSTV「ベストタイム」
2002 年 3 月 （平成 14 年）	NTV スピッツ特集
2007 年 12 月 （平成 19 年）	TBSTV「人間これでいいんだ」 スピッツ特集
2014 年 （平成 26 年）	NHKTV「突撃アットホーム」 スピッツ特集

━━━━ 愛犬ジャーナル掲載 ━━━━

発行年 / 掲載号	タイトル
1961 年 / 昭和 36 年 1 月号～半年	『スピッツ入門』・星合尚
1962 年 / 昭和 37 年 6 月号	座談会『スピッツのすべて』・秋山金録、星合尚
1962 年 / 昭和 37 年 9 月号～約 1 年半連載	『スピッツのすべて I. 現代の日本スピッツ』
1964 年 / 昭和 39 年 3 月号	『スピッツのすべて 19. これからの日本スピッツ』 ・秋山金録
1975 年 / 昭和 50 年 1 月号	『日本スピッツその確立までの５０年』
1978 年 / 昭和 53 年 8 月号	『静かな日本スピッツを目指して』・窪田とみ子
1979 年 / 昭和 54 年 10 月号	『近代日本スピッツの歩み』・窪田とみ子
1980 年 / 昭和 55 年 3 月号	『近代日本スピッツの歩み』・窪田とみ子
1981 年 / 昭和 56 年 5 月号	『近代日本スピッツの歩み』・窪田とみ子
1981 年 / 昭和 56 年 11 月号	『日本スピッツ名犬を写真で解説する』・柴稠
1982 年 / 昭和 57 年 5 月号 ,10 月号	『近代日本スピッツの歩み』・窪田とみ子
1983 年 / 昭和 58 年 1 月号～ 12 月号	『近代日本スピッツの歩み』・窪田とみ子
1984 年 / 昭和 59 年 1 月号～ 5 月号	『近代日本スピッツの歩み』・窪田とみ子
1989 年 / 平成元年 12 月 1990 年 / 平成 2 年 2 月号	『日本スピッツの起源に関する一考察』・高原純
1991 年 / 平成 3 年 5 月号	『日本スピッツの子犬達』写真掲載・岡田美和子

愛犬の友掲載・書籍発行

発行年 / 掲載号	タイトル
1954 年 / 昭和 29 年 7 月号	『スピッツ特集号』 女優折原恵子と愛犬マリ。 歌舞伎役者 6 代目中村歌右衛門と愛犬。
1955 年 / 昭和 30 年 6 月号	『流行犬スピッツの将来と発展策』 落語家 8 代目桂文楽と愛犬。
1959 年 / 昭和 34 年 8 月号	『スピッツ特集』
1962 年 / 昭和 37 年	『最新スピッツ読本』発行 誠文堂新光社発行の『スピッツ読本』は 3 版まで発行され数少ないスピッツの専門書としてベストセラーだったが、その後同社の社長 小川菊松が「日本スピッツ協会」に全面書き直しを依頼し昭和 37 年 4 月 30 日に『最新スピッツ読本』が発行された。
1989 年 / 平成元年 8 月号付録	『これぞ日本のスーパードッグ '89 上半期ドッグ・ショー総集編』
1992 年 / 平成 4 年 11 月秋号別冊	『世界のスーパードッグ』
1993 年 / 平成 5 年春号別冊	『世界のスーパードッグ』
1997 年 / 平成 9 年 4 月号	『スピッツ特集』
1999 年 / 平成 11 年 3 月号別冊 8 月号	『名犬特集』
2000 年 / 平成 12 年 1 月号～隅月掲載	『スピッツの飼育管理』・岡田美和子
2000 年 / 平成 12 年 3 月号	『名犬特集』
2013 年 / 平成 25 年 5 月号	『名犬特集』
2014 年 / 平成 26 年 4 月号	『名犬特集』

掲載誌

雑誌名	発行年 / 掲載号	タイトル
犬の世界	1962 年 / 昭和 37 年 12 月号	スピッツ特集
月刊ワン	1991 年 / 平成 3 年 6 月号	日本スピッツ
ペロー	1991 年 / 平成 3 年 No.21	保存版犬種図鑑
犬専科	1992 年 / 平成 4 年 No.22	日本スピッツ ・窪田とみ子
日経エンタテインメント	1992 年 / 平成 4 年 12 月号	スピッツの写真掲載
週刊文春	1994 年 / 平成 6 年 1 月号	蓮舫参議院議員と愛犬クララ
月間チャンプ	1996 年 / 平成 8 年新年号	スピッツ関連記事
サライ	1996 年 / 平成 8 年 9 月号 .17	小説家志賀直哉と愛犬ジロウ
ドッグワールド	1997 年 / 平成 9 年 4 月号	スピッツ特集
ＮＨＫ趣味悠々 日本放送出版協会	1997 年 / 平成 9 年 12 月号	蓮舫参議院議員と愛犬クララ
ドッグワールド	1998 年 / 平成 10 年 9 月号	スピッツ特集
ドッグワールド	1999 年 / 平成 11 年 12 月号	日本原産になった外来種・スピッツ
読売新聞 東京版	2000 年 / 平成 12 年 1 月号	東京伝説・スピッツ特集
東京新聞夕刊	2001 年 / 平成 13 年 7 月号	ハローペット・スピッツ特集
作家の犬 平凡社	2007 年 / 平成 19 年 6 月号	小説家志賀直哉と愛犬ジロウ

スピッツに貢献した人

秋山金録

　日本スピッツ協会(NSA)を単犬種団体として確立させ、日本スピッツの犬質向上の基礎であり繁殖の指針となる日本スピッツ協会(NSA)の会則及びスタンダードを作成した功労者。【ゴールデンスター】の犬舎号で繁殖も行い、審査員としては厳正な審査を実践した。

　また、「愛犬の友」「愛犬ジャーナル」などの犬界誌に日本スピッツに関する専門的文章が紹介される文筆家でもあった。

岸田誠司

　日本スピッツ協会(NSA)で日本スピッツのあらゆる系統を研究熟知し、「計画繁殖」の重要性を適切に指導・実施した。

　また、全国各地を廻って撮影した数多くの写真は現在でも参考資料として大いに役立っている。後年柴稠と日本スピッツクラブ(NSC)を主宰し、そこでも数多くの写真を残している。

柴稠

　日本スピッツ協会(NSA)で長きにわたり審査委員長として審査をリードし、審査と審査評のスタイルを確立した。JKCでも審査の実績があり、後年日本スピッツクラブ(NSC)を主宰して日本スピッツの普及に尽力した。

星合尚

　10代から日本スピッツの飼育を始め、基礎犬キングライトオブグリーンウッドを所有していた。1949年に創立された日本スピッツ協会(NSA)の創立メンバーの1人で、1984年6月に日本スピッツ協会(NSA)の会長に就任してからは、生涯日本スピッツの愛好家として普及に尽力した。

═══ 計画繁殖途上で出現した血統と特徴 ═══

最も古い血統	ハッポーキムラ、キング

主要血統	始祖犬名	特徴
白王系	白王（牡）	日本犬タイプ。構成・色素は良好だが毛量と伸長性はやや少ない。
ラッシー系	ラッシー オブ ムサシランド（牡）	骨量があり男性的なタイプだが品格があり、被毛の伸長度は良好。
ラッキー シンコーソウ系	ラッキー オブ シンコーソウ（牡）	関西を中心に活躍した血統で色素は良好。ややあごが厚い。
キングライト系	キングライト オブ グリーンウッド（牡）	豊毛で無駄吠えの少ない温和な性格で、遺伝力が安定している。
ハイクラウン系	ジュニアス ハイクラウン（牡）	ラインブリード・インブリードで出現した。小型で豊毛だが毛色に純白度を欠く個体が多い。性格は温和。

＜その他の血統＞

地域	血統名
北海道	富士、ピンコ、ホワイトスプレンダーコーモランドフィールド、ボニーハミルトン、ジャックミンデルマン
東北	ジョリー オブ 晴香荘
東京	スノー オブ グリーンヒル、チニー オブ アラカワ、チビ オブ 大内、キンセン、ボン、シルバースターパシフィック、ラッキーホワイト、キング オブ ジャパンケンネル、ルビー オブ ホープ東京、マック オブ フタバケンネル、アイク オブ リバーサイド
中京、関西	シルバーフォーストレスパール、ダーリー オブ ムーンライト、チル オブ サガ、第二ハッポー、ジョニータケウチ
中国、四国、九州	コニー オブ アラカワ、プリンス オブ ハッピーファミリー、マック オブ ナニワモリ、白富士

スピッツと共に

イラスト画：河合隆子

（挿絵画家・スピッツ愛好者）

スピッツと共に

イラスト画：河合隆子

103 〜 116 ページは、愛好家からのスピッツ写真です。

可愛いこいぬ

写真：脇本久一

おもちゃ大好き

花とスピッツ

花とスピッツ

仲良し

仲良し

ファミリー勢ぞろい

思い出

海外から

著者が共に過ごしたスピッツたち

年代	愛犬名（呼び名）	エピソード
1981 年	ファルル（牡） 1981 ～ 1991 年	出会いは近所のペットショップ。犬が苦手な母の旅行中に家族に。
1982 年	スノーベル（牝） 1982 ～ 1994 年	ファルルのお嫁さん。つつましく、やさしい性格。
1984 年		一回目の繁殖でスノーベルが牝一頭出産。当時小学校一年生の長男は担任に「妹が生まれた」と。
	リティホワイト（牝） 1984 ～ 2001 年	笑顔の少ない長女は子犬を抱くと満面の笑みに。
1985 年		二回目の繁殖でスノーベルが牡一頭、牝三頭出産。
	ファニー（牝） 1985 ～ 2000 年	生まれた中で一番小さかった。性格は甘えん坊。
1986 年		ＮＳＡ入会。犬舎号は白亜館。 この日に私のライフワークが決定した。
	ラスティ（牡） 1986 ～ 2001 年	アドルフ オブ マルコノムラ。愛知県西尾市生まれ。優等生で最高の家庭犬。

年代	愛犬名（呼び名）	エピソード
1986 年	エディ（牡） 1986 ～ 2001 年	エメラルド オブ 千本松原荘。はじめてのNSA血統犬。
1988 年	ナツキ（牝） 1988 ～ 2004 年	相模窪田奈津貴。 親交を深めた窪田とみ子から「友情の印」として託され出陳した展覧会で審査員長から「名花」と称された。
	タツミ（牡） 1988 ～ 2001 年	アサフジ オブ ナデシコランド。名付け親は岸田誠司。名前の通り朝の富士山のように清々しく美しいノーブルな牡犬
1990 年	式部（アマンド オブ ハウス中野） 1987 ～（晩年は最初の飼い主の元に戻った）	三回目の繁殖。 タツミとの交配時に迎えた式部。牡三頭、牝一頭を出産。
	チグサ（牝） 1985 ～ 1990 年	オンワードシナノズ千草。 事情があり、病気（白血病）なのを承知で迎えた五歳の千草は、すでに病状（極度の貧血と心臓衰弱）が進行しており、10 日後に天国へ旅立った。
1997 年	マイカ（牝） 1997 ～ 2015 年	マイカ オブ シャラガーデン。タツミの孫犬で愛情深い牝犬。
2002 年	愛也（マナヤ、牡） 2002 ～ 2016 年	ケルビム オブ ゲレイスハイド。性格も容姿も繊細でマイペースな牡犬。

年代	愛犬名（呼び名）	エピソード
2003 年		四回目の繁殖。マイカがナルミ オブ ナデシコランド（牡）との交配で牡三頭、牝三頭出産。
	サラ（牝） 2003 〜 2018 年	白亜館サラ。我が家にとって最後のスピッツになった。
2005 年	ルル（牝） 2005 〜 2016 年	ルル オブ ティクレ。容姿も性格もかわいらしい牝犬。
2006 年		五回目の繁殖。ルルが白亜館スバル（牡）との交配で牝二頭を出産。

スノーベル

ファルル

寄稿エッセイ（窪田とみ子）

　憧憬が現実になった「ユキ」との出会い。

　遠い思い出。真っ白で毛のふさふさした子犬の記憶・・・それは、我が家に来たお客様が連れてきた白い子犬。幼い私は、その可愛さに魅了されたのです。ふさふさとした毛、パッチリとした黒い目と小さな鼻。ぬいぐるみでも抱くように遊んだ時間は、お客様が帰るまでの至福のひとときでした。

　その後、私が住む小さな田舎町でも美容院の待合室や、商店の店先、小洒落た新築の庭先などでもスピッツを見かけるようになりました。敗戦の傷から癒されつつある時代になり、愛玩犬を迎え入れる家庭が出てきたのです。同時に、戦後の名残りの治安の悪さから番犬としてシェパードや秋田犬などの大型犬を飼う家が増えたのもこの頃です。

　時は過ぎ、私は高校生になっても、幼い頃の記憶は薄れることなく、犬の雑誌を眺めては憧憬が増す日々でした。そんな時、兄の知り合いの高橋秀年氏の家で生まれたスピッツを譲り受けることになります。

　高橋宅を訪ねて子犬を見ると、幼ない頃の記憶が瞬時に蘇りました。フワフワとした暖かさとふさふさの顔の中に埋もれた小さな真っ黒な瞳、そして小さな黒い鼻先。抱きしめたときの感触はまさに忘れられなかったものです。

　私の愛犬はユキ（マージョリー オブ サガミホープ・牝）と名付けました。驚いたことに日本スピッツ協会（NSA）の血統証明書付きです。

　それからのユキとの日々は夢のようでした。下校時間を今や遅しと待ちかねて、下校時間のチャイムが鳴るやいなや学校を飛び出して帰宅しました。高橋宅は我が家から徒歩20分くらいだったので訪ねることもあり、初めて飼うスピッツなのでわからないことばかりの私の質問に、高橋氏はいつも快く答えてくれました。初めて聞く専門用語は新鮮で、私の心をときめかせました。たとえば「犬舎」。一般的には犬小屋と呼ばれるものをこう呼ばれることを知ったことも嬉しかったのです。

　ユキが私の元に来た年の秋、ユキの父犬「カーチス オブ 鶴見ランド」がNSAチャンピオンになります。本部展の会場には私も行き、これまで見たことのない綺麗なスピッツが勢揃いしていたことに驚きました。

　そして私は日本スピッツ協会に入会。岸田誠司氏から繁殖の指導を仰ぎ、後年には「相模窪田犬舎」を設立。30年余の繁殖家活動をすることになりました。

あとがき

　私はアメリカ軍の基地（現在の昭和記念公園）のある町で1949年（昭和24年）に生まれ育ちました。スピッツ大流行の昭和30年代、まだ戦争の傷跡が残る街角には松葉杖姿の傷痍軍人が暗い顔をして立っている一方、派手に着飾った若い女性たちがアメリカ兵と腕を組んで歩いていました。貧しかった町は基地での雇用や交流で経済的にも文化的にも発展。人々の生活の中にアメリカ文化が急速に浸透して行きました。

　ちょうどその頃、私が通っていた保育園の園長先生のご主人が偶然にも「さざ波荘」犬舎主だったので、毎日保育園に行くと垣根越しに緑の芝生の庭で走り回る真っ白なスピッツ達を憧れの気持ちで見ていました。そして、この少女時代に抱いたスピッツへの憧れが私の心の中にずっと残り、その後40年近くスピッツと共に人生を歩むことになりました。

　私が再びスピッツに出会い、家族の一員として迎えることができたのは、結婚して二人の子供を出産した後の32歳の頃。幸いにも家族全員が動物好きだったおかげで、その後は子育て、仕事、スピッツが中心の生活を送ることが出来て今日までに子犬から育てたスピッツ、さらには事情があって成犬で迎えたスピッツを合わせて牡犬5頭、牝犬9頭と暮らすことができました。

　その後入会した「日本スピッツ協会」では先輩方からスピッツに関する知識を幅広く指導していただき、熱心な友人達と共に活動できた事は私の人生を豊かにしてくれました。

☆スピッツの歴史に夢と浪漫を感じ
☆スピッツの美しさに魅了され
☆「スピッツのことを知りたい」の情熱で突っ走って先輩や友人の元に押しかけては、
　一晩中「スピッツ談議」に花を咲かせ、それでも足りずに夜遅くまでの長電話の日々
☆友人の牡犬に一目惚れして愛知県から神奈川県まで通い詰めて直子を切望して遂に
　牡犬牝犬各一頭（母系違い）を迎えられた時の喜びと覚悟
☆知りたい、聞きたい、覚えたいの一心で新幹線で東奔西走した日々

　いつの間にか30年以上の時が流れ、残念ですが次々と先輩達を見送ることになりました。それでも渡されたバトンをスピッツへの情熱を持ち続けている先輩方や友人達と共に、「頼もしい次世代の後輩達に繋げていきたい」と決意を新たにしました。その一歩としてこの「スピッツバイブル」を上梓できましたことに深く感謝する次第です。

岡田美和子

参考資料

愛犬ジャーナル ………………………1961 年 / 昭和 36 年 1 月号〜半年
（新ジャーナル社）
1962 年 / 昭和 37 年 6 月号、9 月号
1964 年 / 昭和 39 年 3 月号
1975 年 / 昭和 50 年 1 月号
1978 年 / 昭和 53 年 8 月号
1979 年 / 昭和 54 年 10 月号
1980 年 / 昭和 55 年 3 月号
1981 年 / 昭和 56 年 5 月号
1981 年 / 昭和 56 年 11 月号
1982 年 / 昭和 57 年 5 月号、10 月号
1983 年 / 昭和 58 年 1 月号〜 12 月号
1984 年 / 昭和 59 年 1 月号〜 5 月号
1989 年 / 平成元年 12 月
1990 年 / 平成 2 年 2 月号

愛犬の友 ………………………………1954 年 / 昭和 29 年 7 月号
（愛犬の友社）
1955 年 / 昭和 30 年 6 月号
（誠文堂新光社）
1959 年 / 昭和 34 年 8 月号
最新スピッツ読本 ……………………1962 年 / 昭和 37 年
（誠文堂新光社）

週刊文春 ………………………………1994 年 / 平成 6 年 1 月号
（文藝春秋）

サライ …………………………………1996 年 / 平成 8 年 9 月号 .17
（小学館）

NHK 趣味悠々 ………………………1997 年 / 平成 9 年 12 月号
（NHK 出版）

作家の犬 ………………………………2007 年 / 平成 19 年 6 月号
（平凡社）

日本スピッツ協会アルバム ………1974 年 8 月発行
1979 年 10 月 1 日発行
1989 年 10 月 1 日発行
2000 年 11 月 20 日発行
2010 年発行
2020 年 1 月発行

日本スピッツ協会会報 ……………1959 年 9 月発行（創刊号）〜 2019 年 9 月 1 日発行分まで

スピッツ新書 …………………………1964 年 5 月 15 日発行　著者…星合尚、豊田初恵
（ローヤルパブリッシングカンパニー）

協賛者

スピッツ白友会
  青木美和子・石原捷子・宇田川順子・塩谷つね子
  窪田とみ子・山本寿美子・鈴田博幸・渡辺三朗
青木操
宇田川照久
塩谷紀明
川野佳代

編集協力

表紙 PHOTO   小田中良作
資料提供   窪田とみ子
写真提供   岸田誠司、窪田とみ子、川野佳代
入力・レイアウト 吉永裕子
著者   岡田美和子

岡田美和子（おかだみわこ）

1949年東京生まれ　現在愛知県在住。
子供の頃から動物好き。最初の愛犬は高校生の時迎えたミックス犬のプッチ。ほかには草花、音楽、読書、インテリア、ファッションを好む。
結婚後の1981年近所のペットショップでスピッツに出会う。
1986年に日本スピッツ協会に入会し、星合尚・田村正一・窪田とみ子の三氏からスピッツに関する幅広い知識の指導を受ける。また岸田誠司氏から血統・計画繁殖を、さらに柴稠氏からはスピッツの審査について学ぶなど研鑽を重ねる。その後日本スピッツ協会の展覧会の審査員に、2002年からは審査員長として「単犬種団体」のプライドある審査を約20年間担当した。

編集制作：有限会社ケイデザイン

装丁デザイン：北村 裕子　　本文デザイン：屋田 優佳
本 文 Ｄ Ｔ Ｐ：松永 葵　　図版イラスト：谷口 聡和子

スピッツバイブル
日本人の英知と工夫から誕生した国産犬種

NDC645.6

2023 年 4 月 17 日　発　行

著　　　者　　岡田美和子
発　行　者　　小川雄一
発　行　所　　株式会社 誠文堂新光社
　　　　　　　〒113-0033 東京都文京区本郷 3-3-11
　　　　　　　電話 03-5800-5780
　　　　　　　https://www.seibundo-shinkosha.net/
印刷・製本　　株式会社 堀内印刷所

ISBN978-4-416-92265-1